Rich致富346



# 零意志力也OK！懶人PDCA工作術：

## 擺脫瞎忙、無紀律、沒毅力，軟爛魯蛇也能精準實踐的行動心法

弱くても最速で成長できる ズボラPDCA

北原孝彥　著
張嘉芬　譯

高寶書版集團

前言

# 用對PDCA，讓軟爛魯蛇成長蛻變的訣竅

「我知道自己非得做點什麼不可，但就是很麻煩。」
「反正又不會持續太久。」
「可是我又不知道該做什麼才好。」
「唉呦，反正我沒什麼想做的。」

我猜應該有很多人都是這麼想的。

因為個性懶散，所以不是會積極行動的那種正向族群。
既膽小又玻璃心，盡可能不想受傷，不願失敗受挫。

容易厭倦，所以做什麼事都無法持續太久，總是三分鐘熱度。
覺得什麼事都很麻煩……。

實不相瞞，我以前就是這樣的人。
不，其實也不是「以前」。
我至今仍是個懶散又玻璃心的人。

在出社會之前，我是個什麼樣的人呢？

在校成績吊車尾的魯蛇。
繭居在家的電玩宅男。
沒什麼特別想做的事，更沒有目標。沒行程就睡到自然醒。

各位身邊是否也有這樣的人呢？

而這樣的我，現在經營了好幾種事業。

坦白說，現在每天都開心得不得了。我的工作與生活之間沒有明確的界線，做的每一件事都能促進自己的成長……大概就像是這樣。

我投身美髮業界之後，經歷了許多成功、挫折，也繞了一些遠路，才在競爭激烈的業界開了自己的店，一切從零開始，後來花了四年時間，展店到門市百家的規模。

我也以顧問的身分，在這個業界傳授行銷心法，輔導了許多客戶。

此外，我也常有機會受邀辦講座或演講，總是在日本全國各地當空中飛人。

還有，我主持了一個有近四千人參加的社群，總在籌辦一些讓成員們滿心期待的企畫。

我還花很多時間，和幾位很值得尊敬的，也是我很喜歡的傑出人士共處，每天都從他們身上得到很多正能量。

為什麼我可以如此開心地享受人生呢？

是因為我是才華洋溢的傑出人士嗎？

還是集各種「好事」於一身的幸運體質呢？

答案都不對。

因為我可是個既懶散又玻璃心，還怕麻煩的人。我的本質就是如此。

那會是為什麼呢？

其實是因為**懶人才能做得到，玻璃心才能想得到，就算怕麻煩的人也能辦得到的技能，可以毫不勉強地「達成目標」，還能「做出成效」**。

當中包含了像我這樣的軟爛魯蛇，才能擬得出的細膩計畫；像我這樣的軟爛魯蛇，也能毫無負擔地「採取行動」的方法；還有排除一切無謂浪費、加快成長速度的「檢核」技術，並執行可以極高機率帶來好結果的「改善」措施。

以及一套能在零壓力狀態下，運作上述這四件事的機制。

這就是我開發出來的技能。

各位應該已經猜到了，就是**一套專為懶人設計，懶人才管用的「懶人PDCA」**。

我將透過本書，為您介紹這一套技能。

因為懶散所以無法實際行動，因為膽小所以無法積極……這些觀念都是錯誤的。

請各位暫且先拋開社會上那些所謂的常識。

那些是傳統的，也就是所謂「強者用的PDCA」。

就算我們再怎麼努力地迎合社會常識，也沒有勝算可言，更沒有愉快的人生在前方等著我們。

即使我們勉強自己，依樣畫葫蘆地模仿那些「強者的做法」，最後終究還是不會持之以恆，只會一再失敗受挫。甚至還有人會對自己的無能感到絕望，或是完全失去信心，從此一蹶不振。

所以，**我們軟爛魯蛇就要用適合軟爛魯蛇的PDCA**。

本書中所介紹的北原流PDCA——也就是所謂的「懶人PDCA」法，不僅能幫助各位在工作上萬事亨通，應該也可以作為各位在財務管理、人際關係、夢想實現或目標達成上的參考。

說得更誇張一點，說不定還會為各位的人生帶來正面影響。

十、二十、三十、四十、五十、六十、七十、八十、九十世代等各年齡層，不論男女老幼，只要是懶散、玻璃心、怕麻煩或懶惰的人，我都希望能對他們有些許助益，所以才決定寫作本書。

不過，對於那些意志堅定，行動力、續航力充沛的人，或是已落實執行PDCA的人，以及憑自己的能力就在工作上繳出亮眼成績，有能力達成目標的人，或許會覺得這本書還不夠令人耳目一新。

可是，**對於那些PDCA做不起來，甚至連計畫都擬不出來、無法採取行動，或總是三分鐘熱度、拿不出績效的人來說，我想這本書應該會是很有用的指南。**

一旦穩紮穩打地進入PDCA循環之後，人生也會跟著風生水起。

想落實PDCA循環，就要懂得運用「機制」的力量取代意志力。在本書當中，已為各位濃縮了相關的精華奧義。

期盼這本書能幫助到更多需要幫助的人。

前言　用對ＰＤＣＡ，讓軟爛魯蛇成長蛻變的訣竅　003

# 第一章　用對ＰＤＣＡ，軟爛魯蛇也能萬事亨通


01 為什麼ＰＤＣＡ做不起來　018
／ＰＤＣＡ做不起來的真正原因

02 玻璃心的我都做到了！　024
／軟爛魯蛇都能做得到，這才叫做懶人ＰＤＣＡ

03 一點一滴推動ＰＤＣＡ　029
／擬訂絕不失敗的計畫，以免心靈受創

04 祭出懶人ＰＤＣＡ，軟爛魯蛇也能極速成長　034
／不夠堅強的人，也能做出成效

05 用對ＰＤＣＡ，一切都會逆轉向上　039
／舉凡工作、人際、社群、目標等，所有難題都可用ＰＤＣＡ解決

# 目錄

## 第二章　審慎擬訂計畫


06 因為是玻璃心，所以更要死命地審慎擬訂計畫 044
／既玻璃心又謹慎，成功機率才會高

07 失敗太可怕，所以要用「有勝算的事」而非「喜歡的事」來一決高下 049
／先做拿手的事，而不是想做的事

08 用絕招找出「有勝算的事」 054
／只要找出「有勝算的事」，不論環境好壞，都能做出成果

09 不能憑感覺，一定要「說出口」 059
／「說出口」之後，計畫落實的機率就會提升

10 崇尚美德固然重要，注重邏輯更要緊 064
／比練習多寡、技術高低更重要的事

11 多花時間做好初期的「規劃」 069
／不惜每進一步就設一個營壘，慎重再慎重

12 我就是個膽小鬼，所以要確定「有客上門」，才開始做生意 074
／先設定好絕不失敗的狀態，再正式啟動

13 「幹勁」難長久，所以別擬長期計畫 079
／還是別指望如流水的「幹勁」

14 因為只有「三分鐘熱度」，所以別花十年練功 084
／越是「三分鐘熱度的人」，越快有成果

## 第三章　踏出絕不失敗的一小步

15 別指望「意志」或「幹勁」 090
／讓怕麻煩的人也能自然而然動起來的秘訣

16 將環境的力量運用到極限 095
／點燃行動力的激烈手段

17 越是「提不起勁」的人，機會越是會來敲門 100
／讓行動力覺醒的唯一方法

# 目錄

18 能量有限，所以該做的事要縮減到極限 105
／別在一天有限的二十四小時當中，塞滿太多任務

19 保留充裕的時間，才不會慌了手腳 110
／不讓「金錢」、「時間」、「熱情」燃燒殆盡的簡單習慣

20 一次嘗試不會成功，所以要把標準設為一千次 115
／告別只想一次成功的完美主義心態！

21 剛開始只要把「貫徹到底的事」放在心上，別在意「成果」 120
／計畫要擬短期，而非長期

第四章　反覆檢核並把內容「說出口」，讓每個人都能如法炮製

22 提升「可重複性」，讓每個人都能如法炮製 126
／把方法明確地「說出口」，直到能把任務完全託付於人的地步

23 靠「說出口」來提升可重複性 132
／天才型人物辦不到，只有普通人才懂的最強技能

24 靠「說出口」來解決各種疑難雜症 137
／消除「憑感覺」，人生就能萬事亨通

25 提升「說出口」能力的簡易方法 142
／「對牆練習」能讓「說出口」的技巧突飛猛進

26 「對牆練習」的終點是用邏輯駁倒對方 148
／看得見的邏輯，比看不見的熱情更重要

27 「簡報力」是最具威力的商務技能，連懶人都想學會 155
／因為我們怕麻煩，所以要用「語言的力量」鼓動身旁的人

28 透過定期「回顧」，來提升「成功的準確度」和「成長的速度」 160
／一天也好，一週、一個月、半年，甚至是一年也罷，
要訂定頻率，定期回顧

目錄


## 第五章　不斷改善，讓自己更輕鬆

29 懶人要時時謹記「一石六鳥」 168
／不斷改善，讓自己可以輕鬆到極致

30 懶人要以落實「自動化」為目標 173
／不擅長、不喜歡的事，最好全都交給別人處理

31 因為不喜歡讓人失望，所以不會辜負別人的期待 178
／有意識地控制「期待值」

32 認清「一號瓶」 183
／有助於大幅提升「改善」效果的關鍵要點

33 失敗會令人沮喪，所以要事先訂定「撤退線」 188
／預擬退場標準，以便隨時出逃開溜

34 為避免灰心喪志，請從那些「出類拔萃」的人身上分一杯羹 193
／補充正能量的方法

## 第六章　PDCA能改變工作、人際關係與人生

35 用懶人PDCA盡情享受當下　200
／無與倫比，威力強大的技能

36 像我這樣不擅讀書的魯蛇，也能脫胎換骨　205
／起薪八萬日圓，還當過繭居族，可是現在的我擁有很多工作和夥伴

37 落實PDCA，持續追求成長　210
／「規劃＝機制」是救世主

結語　用對PDCA循環，讓自己的人生也開始風生水起　216

# 第一章

# 用對PDCA，
# 軟爛魯蛇也能萬事亨通

# 01 為什麼PDCA做不起來

PDCA做不起來的真正原因

## PDCA對改善工作、人生都效果超群，但大多數人卻做不起來

「要好好擬妥『計畫』。」

「要拚命『執行』（行動）。」

「要確實『檢核』行動是否正確。」

「追求精益求精的『改善』。」

這就是所謂的「PDCA」＝PLAN（計畫）／DO（執行）／CHECK（檢核）／ACTION（改善）。

「在商場上想萬事亨通，關鍵就在於能否落實PDCA！」

「執行PDCA不只改變工作發展，還能改變生活，扭轉人生。」

PDCA這個商業框架，在社會上大受好評。

可是，為什麼會有那麼多人無法確實做好PDCA？

很多人都把「PDCA」這個詞放在心上，卻沒有把它運用在日常工作當中。

若能好好擬妥「計畫」，並依照計畫「執行」，事後確實「檢核」（反省），並「改善」缺失的話，我們的工作，甚至是人生當中所設定的各種目標，應該都會一帆風順才對。

然而，大多數人執行PDCA，都沒有這麼輕鬆如意。

他們總是被眼前的工作追著跑，或忙著解決突發狀況，於是曾幾何時，逐漸淡忘了PDCA……。

這種情況是不是很寫實呢？

## PDCA做不起來的三大原因

為什麼ＰＤＣＡ會做不起來？

我認為最主要的原因，就在於「怕麻煩」。

問題就出在這裡。

或許各位會覺得「這話未免說得太武斷了吧！」但像這樣的人，的確不在少數。

因為怕麻煩，所以不善擬訂完整的「計畫」。

要迅速果決地「執行」計畫，這種事光是聽起來就覺得累，況且還有一大堆非做不可的事。

「檢核」？忙都忙死了，哪有那種閒功夫。

要是有空「改善」，還不如多做點別的事吧！每件事都要改善，未免也「太麻煩」了吧……。

諸如此類的說詞紛紛出籠。

又或者是好不容易想力圖振作，落實PDCA，也試著努力了一段時間，結果途中又開始覺得「厭倦」——這也可能是PDCA做不起來的原因。

我們人類做事本來就是三分鐘熱度。

既然你我都是人，會有這種心態也無可厚非，這不是任何人的錯。

想必一定有人是因為對「每天執行PDCA」這樣一成不變的生活感到厭倦，才會開始嘗試「其他方法」的吧。

## 建立一套人人都能落實執行 PDCA 的「機制」

此外，「沒有行動力」也是常見的原因之一。

很多人就算擬得出天衣無縫的計畫，卻還是無法動手執行（付諸行動）。

「現在這麼忙，下次再說吧！」

「我會怕，總覺得好像會失敗……。」

各位應該也看過這種「懶散」的「膽小鬼」吧？

事到如今也沒什麼好隱瞞的，其實我本人就是如此！

「怕麻煩」、「厭倦」、「沒有行動力」……要讓這些人在往後的人生旅途中，隨時把 PDCA 放在心上，需要一些機制才行。

要訣 01

要建立一套PDCA的機制，讓那些「三分鐘熱度」、「怕麻煩」、「玻璃心」的人都能做得到。

# 02 玻璃心的我都做到了！

軟爛魯蛇都能做得到，這才叫做懶人PDCA

## 這套技術人人可學，夠不夠堅強都無妨

「怕麻煩」、「厭倦」、「沒有行動力」。

想必一定有人無法認同這些「PDCA做不起來」的原因。

那些能日復一日，依循PDCA模式進行各項業務的，究竟是哪些人呢？答案是「意志堅強的人」。

或許又有人會覺得我這樣說「太武斷」，但我相信在這群落實PDCA的人當中，一定有些意志堅定、隨時積極向前，不畏失敗，凡事兢兢業業，堅毅不屈的人。

可是，包括我本人在內，大多數的商務人士其實並沒有那麼堅強。打從一開始就懷抱著「不斷追求成長」的心態，或「對未來有著堅定遠景」的人，恐怕沒有幾個。

想必大部分的上班族，都是戰戰兢兢地面對每天發生的各種疑難雜症，一邊還要設法讓自己打起精神處理業務吧？

我從二十多歲起，也一直都過得戰戰兢兢。

想當年，只要公司的總經理說：「北原，我有話要跟你說，今天能不能晚點走？」我就會步調大亂。

我會滿腦子想著「唉……是不是我又搞砸了什麼啊？」「哎呀！怎麼辦？怎麼辦？」結果那一整天都無心工作。

時至今日，儘管我已不像當年那樣大驚小怪，但心態上也還不至於「不怕失敗」，更不可能認為「不管別人怎麼想，我都無所謂」。我的心態基本上還是沒有改變——只要員工一找我，我就會擔心「怎麼了？發生什麼事？」

接下來我要在這本書當中介紹的，就是連我這種「玻璃心」都能做到的「懶人PDCA」。

坦白說，要鍛鍊意志力，要變成有毅力的人，或是要懷抱不怕失敗的堅強心志，甚至是成為積極向前、行動果決的人……這些改變自己個性或心態的做法，執行起來絕不容易——如果真的能做到，那就不必在這裡辛苦折騰了。

所以在工作上，必須找出一套連我們這種軟爛魯蛇都能做到的方法。

人的內在會轉變、成長，進而萌生想再更上一層樓的念頭，並持續向前邁進，其實都是在經驗與成功累積之下的「結果」。

## 提高「可複製性」，讓懶惰影響不了你的意志

我們究竟該怎麼做呢？

該培養哪些技能？

我們需要的，其實是：**「具有可複製性」的技能**。

什麼是「具有可複製性」的技能呢？簡而言之就是「人人都可模仿」的事，毋須考慮堅不堅強之類的性格因素，只要按部就班，確實執行，再懶惰的人都能學得會。

「PDCA」這件事，其實應該也只要落實執行，就能順利步上軌道才對。

然而，做不到的卻大有人在。

倘若PDCA做不起來的原因在於「意志不堅」，那就更得使用一些連軟爛魯蛇都能做到的方法才行。

找到「確實具有可複製性的技能」＝「就連我這種軟爛魯蛇都可以做到，還能做出一番成果的技能」，就是跨出個人事業成功的第一步。

要訣
02

打造一套不論意志堅強與否或性格如何，都能做出成果的「機制」。

# 03 一點一滴推動PDCA

擬訂絕不失敗的計畫，以免心靈受創

## 一小步一小步地向前走，不斷嘗試錯誤

「凡事都是經驗，總之先衝就對了。」

「就算跌倒了，只要從中學到一點什麼就好。所以我們不能老是害怕失敗。」

不少人會大談諸如此類的商場格言，或是人生教訓。

然而，對玻璃心的人而言，這些法則都不適用。

我們不想徒勞無功，也不願跌倒受傷，更害怕失敗。說穿了，我們根本就認定了「什麼都不做最好」。

而這樣的心態，也導致了我們「沒行動」。有時或許我們試著做了一點什麼，但一發現苗頭不對，便會馬上放棄。

因此，我們必須把「絕不失敗」視為一大目標。

畢竟失敗受挫總難免令人灰心喪志，不願再起身行動。我們的心靈可不想受傷害。

## 如何擬訂「絕不失敗的計畫」

那麼，究竟該怎麼做才不會失敗呢？

答案很簡單，那就是「**擬訂絕不失敗的計畫**」。

也就是說，在這本書所談的PDCA，當中的「P」＝計畫（PLAN），要盡可能擬訂得無懈可擊，萬無一失。

這種計畫要細膩到「步步為營」的水準，讓我們絕不會跌倒受傷。

或許有人會說：

「想做的事就該擬個計畫去執行，萬一出問題，到後面的D、C、A階段再挽回就好了。」

但我們就是不想失敗。

因此，在計畫階段就能找出失敗風險的事，當下就會被宣判出局。

當然，這並不代表我們只做「低風險、低報酬」的生意。

即使是「高風險、高報酬」的事，也要擬訂出縝密的計畫，讓它成為一門「零風險、高報酬」的生意。

**當我們擬妥了這樣的計畫，準備付諸行動之際，第一步也要走得「不受傷」，換言之就是要「一點一滴」地推進。**

即使擬訂了縝密的計畫，但在稍微執行後，發現事情或許不如預期時，我們就該懂得在受傷前撤退。

常有人說要「壯士斷腕」，但在這裡，我們建議各位做的，應該可以說是「不必斷腕的撤退」。

既然「嘗試」的規模小，「錯誤」的災情自然也不會太大。我想介紹的這個概念，其實就是透過反覆進行「小規模的嘗試錯誤」，進而打造出細膩精緻、絕不失敗的「計畫」。

這樣的計畫，你我都能做得到，就算再怎麼玻璃心也無妨。

請容我再強調一次：要改變自己的個性或心態，絕非易事。

就算有個膽小鬼突然心血來潮，打算「勇敢地拚個輸贏」、「不成功便成仁」，這也不像他平時的作風。萬一不幸失敗，恐怕就會落入「唉……果然不行，我還是放棄吧」的萬劫不復之中。

「步步為營的縝密計畫。」

「一點一滴往前推進，絕不受傷的小嘗試。」

這就是人人都能學會的「懶人PDCA」心法。

要訣 03

為避免受傷，第一步要走得格外小心。一點一滴地嘗試，就能累積出非凡的成果。

# 04 祭出懶人PDCA，軟爛魯蛇也能極速成長

不夠堅強的人，也能做出成效

## 走最短路徑，最快抵達終點的人，就是贏家

要先擬訂縝密的計畫，還要一點一滴地行動，一點一滴地反覆嘗試錯誤……。

乍看之下，或許各位會覺得這樣的做法很花時間。

然而，身為企業主，還要將公司發展到可以跨足多種事業的水準，我認為這已經是「最快」的方法。

其實原因無他，因為這種做法，才是真正「不做徒勞無功的事」。

不失敗、不受傷，代表我們是「走最短路徑抵達終點」。像我這樣的懶人，總想盡可能避免做麻煩事。說得難聽一點，就是想「三兩下就能衝到終點」。

達成一個目標之後，就想趕快擬訂下一個計畫，也同樣想走最短路徑達陣。

我當了十年的基層髮型設計師，期間不斷地練功精進。

每天晚上，我都會練剪髮練到深夜，並與同事夥伴互相砥礪，提升剪髮技藝。

然而，當時我所設定的目標，是要把髮廊經營得有聲有色。因此，達成目標的關鍵，應該是要為我現在服務的這家髮廊招攬更多顧客才對。

日復一日，從不間斷地進行剪髮練習，但店裡的營收卻一直不見起色……。

我這才意識到：這樣做根本就是在繞遠路。

我應該多花時間思考如何招攬顧客，才能實現我所設定的目標。

身為一位髮型設計師，提升剪髮技藝當然不會是「徒勞無功」的事。

然而，若考量我的目標所在，總不免會萌生「現在應該還有更該做的事」之類的念頭。

既然要做，就得做那些「更該做的事」——就只是這樣的概念而已。

雖說我曾「落實執行PDCA」，但在當時，就算我再怎麼落實那個PDCA，也毫無意義。

## 正因為是懶散的軟爛魯蛇，才能極速成長

這個道理，在很多領域應該都可以適用。

就像是在體壇當中，選手本該是以追求「比賽獲勝」為目的，卻一味地把時間花在練習上，到頭來甚至還拒絕出賽一樣。

倘若各位想開創一番成功的事業，就該擬訂一個能「以最短距離通往成功」的計畫，而不是只顧著說「凡事都要先累積經驗」。

擬妥計畫之後，最好趕快著手執行。

這些都是想一想就能明白的道理。

對我們這些怕麻煩、玻璃心的人來說，「採取行動」就像是即將要展開一場艱辛的長跑。

一旦起跑，呼吸就會變急促；越跑會越痛苦，心想著「怎麼還沒到終點」；跑到半路一定會覺得很厭倦……。

因為我們很清楚事情後續會有什麼樣的發展，所以才遲遲不敢起跑。

不過，要是我們事先知道「其實有些方法，可以讓我們馬上抵達終點，不必跑那麼遠」、「有最短路徑可走」呢？

想必各位應該都會選用那些方法，或選擇那條路線。

正因為我們懶，因為我們怕麻煩，所以更有資格期待極速成長。

要訣 04

對懶散、怕麻煩的人來說，長跑是一項苦差事。
要懂得擬訂縝密的計畫，以便在短時間內達陣。

## 05 用對PDCA，一切都會逆轉向上

舉凡工作、人際、社群、目標等，所有難題都可用PDCA解決

### PDCA是軟爛魯蛇的絕佳武器

坦白說，我在寫這本書之前，根本不太在意「PDCA」這件事。

「那就先P吧！接著D，哎呀C也不能忘。很好，還有A……。」

因為我在工作時，根本沒想到這些。

只不過當我回首自己處理工作的方法，以及個人的成功方程式，並加以分析之後，發現它們剛好符合PDCA原則。

我這個人既懶散又怕麻煩，還有著一顆玻璃心。學生時期功課不怎麼樣，是

個邊緣人，後來成了尼特族（NEET）[1]，甚至還淪為繭居族——而這一套懶人版的PDCA，連我這樣的魯蛇都能做得到。它就是我在這本書當中要談的「懶人PDCA」。

如前所述，我既不願失敗受挫，也不想受傷，更不想繞遠路，於是我便選擇在「P（計畫）」的部分投注大量時間，擬訂出一套絕不會有人說三道四，也不會讓我心靈受創，更不會害我玩火自焚的計畫。

**為了讓懶散的我願意起身行動，就必須要有相當嚴謹的「機制」。而這一套機制，就是營造出一個環境，讓自己非得有所作為不可。**

接著，我們要檢核出哪一條路才是最短距離，並能讓我們直奔成功，以免讓自己多做一些徒勞無功的事。

1 指介於十五至三十四歲之間，未就學或就業，也未接受任何職業訓練的人。

## 還可應用在工作以外的場域

這一連串的懶人PDCA，除了可以用來開創一番事業之外，還可以應用在生活的各方面。

例如「人際關係」就是一個例子。

我們可以想想自己為什麼要和這個人往來，並保持相應的互動即可。在過程中當然要一點一滴地推進，以免受傷。

不論是在商務、管理上，或是在生活中都一樣。

甚至在社群網站發文、攬客、拉抬追蹤人數，都適用這個概念。我的社群網站，也因為這個概念的加持，讓我的線上收費社團擁有近四千位會員，推特帳號也有上萬人追蹤。

以往舉辦講座課程時，還曾出現當天根本沒有學員到場的慘況；然而到了最近，百人以上到場已是家常便飯。能有這樣的進步，就只是因為我用了本書中所介紹的

「懶人PDCA法」而已。

我的這一套PDCA法則，就某種層面來說，其實和「創作」頗為相似。因為兩者都是在思考怎麼做才不會失敗，以及如何避免在前進過程中跌倒受挫，還要花最少的時間打造出成品。

而當一個作品完成之後，我們又開始期待動手打造下一個作品……。

這就是我的PDCA。如今它已成了我職場生涯中的一部分。

要訣
05

**懶人PDCA可以讓我們避免跌倒受挫，循最短距離直接奔向終點。**

# 第二章

# 審慎擬訂計畫

# 06 因為是玻璃心，所以更要死命地審慎擬訂計畫

既玻璃心又謹慎，成功機率才會高

## 不可能突然就「執行」

PDCA的第一個步驟是「P」，也就是「PLAN＝計畫」。就商場而言，這個「P」就是要構思事業計畫，擬訂計畫日程，訂定明確的目標。

要是這個步驟做得隨便、敷衍，之後的D（DO＝執行）、C（CHECK＝檢核）和A（ACTION＝改善），就很難串聯得起來。

另一方面，應該也有人會抱持「先訂出一個大目標，之後再一股腦子地做就對了！」的想法。

「重點在於『動手做』，別在計畫階段磨磨蹭蹭、畏手畏腳了！」

「要盡早行動！這才是通往成功的捷徑。」

社會上當然也不乏諸如此類的意見。

不過，應該還是有很多人無法這麼「大刀闊斧」地前進。

尤其像我這種「玻璃心」，更是如此。

說來慚愧，我真的是個很脆弱的玻璃心。

說穿了就是「膽小鬼」。

舉例來說，要是員工傳LINE給我，說「現在可以打個電話給你嗎？」我就會立即陷入恐慌。

「不會吧？來說『我要離職』嗎？」

「怎麼了？該不會是惹惱客人了吧？」

「還是出了什麼天大的紕漏？」

我就會自己想像一些諸如此類的最糟狀況。當下根本無法再進行手邊的工作，因為我會心急地想：「得趕快和對方聯絡才行！」內心一片恐慌。

可是實際打了電話之後，才發現只是「尾牙的餐費，每個人可能要多攤一千日圓，這樣可以嗎？」之類的瑣事，總令我不禁心想「嚇死我了」。我甚至還回信給對方說：「多少錢都無妨，別害我這樣提心吊膽嘛！」

這已經不是個性的問題，而是我的天性本質如此，就是拿它沒辦法。這種玻璃心……就算我想克服，也辦不到。

## 拿出「雞蛋裡挑骨頭」的心態，擬訂縝密的計畫

我怕失敗。

也怕受傷。
也不喜歡被客訴。
更討厭沒錢。
如此玻璃心的我，究竟擬訂了什麼樣的「計畫」呢？
各位應該猜到了吧？
**就是「步步為營、如臨深淵、如履薄冰」的審慎計畫。**

「怎麼做才能讓客人零客訴？」
「要怎麼訂價才能讓員工零抱怨？」
「該怎麼做才能讓營收穩定？」
諸如此類，總之就是要審慎地，像是「在雞蛋裡挑骨頭」似的，擬訂出滴水不漏的計畫。
「做就對了」、「兵來將擋」、「隨心所欲」……這些做法都太可怕，我根本就辦不到。硬是去嘗試那些自己辦不到的事，根本不可能成功。

我想強調的是，「懶人PDCA」的「計畫」（P），就是要審慎再審慎。

因為我們可不想等到日後再來提心吊膽啊。

要訣 06

勉強的計畫是受挫的根源。
要在盡可能顧慮到個人弱點的情況下擬訂計畫。

# 07 失敗太可怕，所以要用「有勝算的事」而非「喜歡的事」來一決高下

先做拿手的事，而不是想做的事

## 別被「想做的事」牽著鼻子走

擬訂計畫，也就是在「決定自己今後要投入的事」、「決定如何投入」的階段，很多人或許會有以下這樣的想法：

「這真的是我想做的事嗎？」

「這是我喜歡做的事嗎？」

如果人生在世，只要做自己想做的、喜歡的事，的確是非常幸福。

然而，現實又是如何呢？

說穿了，「什麼才是自己真心喜歡的事？」「什麼才是自己願意窮盡一生追求的事？」諸如此類的問題，其實要找到答案並不容易。

如果有人問我真心想做的、喜歡的事是什麼，以前的我一定會回答「整天玩瑪利歐賽車」。

可是，這件事恐怕沒辦法當飯吃。

坦白說，那些把「想做的事」、「喜歡的事」變成工作、當飯吃的案例，應該是少之又少。

「我的夢想就是做自己喜歡的事來賺錢。」

能做到當然很好，問題是剛開始恐怕不容易。

「因為我做的是自己喜歡的事，所以才能成功。」

不必被這種話耍得團團轉。

還沒有做出一番成果之前，我不建議各位把「想做的事」、「喜歡的事」當作起跑點。

## 先從「容易做出成果的事」下手

那麼，究竟該選什麼事當工作呢？在工作上該擬訂什麼樣的計畫？

我們該做的，是**「有勝算的事」**。

先想想做什麼事有勝算，再挑這些有勝算的事來當工作，用有勝算的事來擬訂計畫，拿有勝算的事來賺錢。至於「喜歡的事」，等贏得勝利之後再慢慢來即可。

這就是我設想的「計畫」。

這樣比喻或許不太恰當，不過「工作賺錢」這件事，就某種層面來說，其實就像是個電玩遊戲。

只要懂得如何享受電玩遊戲的趣味，就能從「獲勝」中找到樂趣。該怎麼做才能有更大的勝算？該怎麼做才能賺到更多分數？有什麼捷徑可以通往下一關？

只要開始對勝利充滿期待，並從勝利中得到成就感和自信心，就能帶領我們通往下一個關卡。

而在不斷贏得勝利的過程中，各位應該就能切身感受到自己做的事，逐漸轉化為「社會上需要的事」、「有人想要的事」。

如何才能切身感受到這些感覺呢？答案很簡單，那就是聽到別人對我說「謝謝」的時候。

以我自己的工作為例，我們開髮廊的，會收到加盟主的太太寫信來道謝，或是員工家長寫信來，說「感謝您照顧我家孩子」之類的感謝。

當然還有很多來自顧客的「感謝」。

人其實很簡單，我們只要聽到這樣的一聲感謝，或是不絕於耳的好口碑，就會明白自己「被人需要」，接著內心就會萌生出一股「使命感」。

而這份使命感，就是驅使我們拚工作的原動力。

光是做那些自己「想做的事」、「喜歡的事」，要得到別人的感謝，進而萌生使命感，恐怕相當不容易。

所以，要先想想什麼是「有勝算的事」，從這一步開始出發。

要訣 07

努力投入「有勝算的事」，先做出一些成績，即使是再小的成果也無妨。

# 08 用絕招找出「有勝算的事」

只要找出「有勝算的事」，不論環境好壞，都能做出成果

## 有勝算的事＝「可為他人解決煩惱的技能」

「用有勝算的事，而不是喜歡的事，和別人一較高下。」

話是這麼說，但我真的會做什麼「有勝算」的事嗎？

想必一定有人會這麼想。

有些人一心想把自己真正想做、真心喜歡的事拿來當工作，所以拚了命的找，卻總是找不到。

也有些人已經用了自己想做的、喜歡的事來創業，卻發展得很不順遂。

想必一定也有人是這樣的處境。

不過，請容我再強調一次，要用「有勝算的事」來一決勝負。

我擬訂計畫的心法，是從現在自己所置身的環境，例如自己所在的業界、企業裡等，找出自己「有勝算」的事，向前邁進。

讓我們回到一開始提過的這句話：「可是，我真的會做什麼『有勝算』的事嗎？」

各位是否覺得，自己根本沒有什麼事贏得了別人，只是個平凡的，甚至根本稱不上平凡的人？

其實我自己也是這樣想的。

不過，我所謂「有勝算的事」，並不是指那些我們擅長的事，或者是比別人優秀的某些特殊能力。

**「替別人排解困擾。」**

這就是我所謂的「有勝算的事」。

## 比「喜歡的事」更簡單、更確實

那麼，究竟該怎麼找出自己「有勝算的事」呢？

所謂「有勝算的事」，就是「別人有需要的事」。

而「別人有需要的事」，就是「別人的困擾」。

要找出「別人的困擾」，那就很簡單了。

首先，請各位把自己「有成果的事」、「有績效的事」，整理成一份報告，或用口頭的方式，向公司內或外部的人說明，即使事情再小也無妨——總之就是要把各位的成績，用對人有益的形式陳述出來。

各位也可以在推特、臉書、部落格或note[2]等社群網站發佈相關資訊。

舉例來說，假設各位把家裡用不到的東西，拿到mercari[3]上去賣，得到了一萬日圓

2 日本的內容創作平台，提供個人發表文章、影音等內容的空間。
3 日本知名二手商品交易平台。

的收入。各位就把自己為了賺到這一萬日圓，做了哪些事等等，鉅細靡遺地寫下中間的過程。

例如：各位是如何開始使用mercari？拍照時運用了哪些巧思？寫商品說明時加入了哪些關鍵字？和顧客互動時的訊息該怎麼寫？把能想到的細節都仔細地寫出來。

在這段持續更新、發文的過程中，那些有意在mercari上賺點收入的網拍新手，就會開始看各位發表的文章，各位的粉絲或追蹤者人數就會慢慢地增加。

接著，就會有越來越多人想要獲得各位的服務，主動接洽「能不請您面授機宜」、「有沒有開班授課」等等。

就像這樣，打造出「事前已有潛在顧客需要服務」的狀態，也就是把握「受眾優先」的原則。

先營造出「被需要」的狀態，就是我所謂的「用『有勝算的事』來一決高下」。

稍後我會再進一步說明「受眾優先」的內涵。總之要先達到「被需要」的狀態，才開始打造商品或服務——既然「有人需要」，就表示商品或服務有銷路。後續只要再花點心思在「訂價」上，保證能做出一番成績。

我的經商之道，就是以這一套既懶散又玻璃心的做法為主軸。

要訣 08

做「有勝算的事」，盡快拿出成果。

如此一來，就能培養出對自己的信心，並累積旁人的信任。

## 09 不能憑感覺，一定要「說出口」

「說出口」之後，計畫落實的機率就會提升

### 「憑感覺」做事，計畫很難落實

當我們找到了「有勝算的事」，要擬訂具體計畫之際，這時候最不可或缺的元素是什麼呢？

就我個人而言，最不可或缺的是「說出口」。

「說出口」，換言之就是用「明確而具體的語言」，描述自己的計畫。「我要辭掉工作創業」、「我的目標是年薪千萬」……諸如此類的抽象計畫，都不及格。

我原本是個繭居在家的電玩宅男。坦白說，就是個做什麼事都嫌麻煩的人。所以，沒有足夠份量的誘因，我是不會前進的。換句話說，光是「滿腔熱血」或隨興地說聲「總之我就想做」之類的計畫，我根本就不會落實執行。

這時候，我最需要的，就是**「說出口」**。

「說出口」是「懶人PDCA」當中，很重要的一個關鍵字。細節請容我於第四章再詳細說明，這裡請各位就先把它當成是「具體的計畫」即可。

舉個簡單的例子：「出門旅行吧！」這個「憑感覺」的念頭，對懶散的人來說，根本算不上是計畫——因為這種程度的念頭，驅動不了我們。

要讓想法更具體，目標才會更明確。

「什麼時候出發，什麼時候回來？」「去哪裡？」「和誰去？」「住什麼旅館？」「去吃什麼美食？」「車票怎麼買？什麼時候去買？」——要這麼明確地說出口，「念頭」、「希望」才能轉化為「既定行程」、「計畫」。

## 「說出口」之後，人就會躍躍欲試

「說出口」最大的要訣，就在於「告訴別人」（這個部分也會在第四章詳述）。當著別人的面說，內容就能說得更具體。

因為告訴別人，必須要用具體的描述，否則對方就會「聽不懂」。

若能用具體的描述，把自己想做的事＝「計畫」告訴別人，會發生什麼事呢？

前面我也曾經提過，所謂的計畫，就是「有勝算的事」（別人需要的事）。那把這些有勝算的事拿來告訴別人，會發生什麼事呢？

會滿心雀躍，充滿期待。

滿心雀躍，充滿期待之後，我們就會忍不住想趕快動手執行，甚至是陷入「不行！不趕快動手怎麼行」的狀態。

「我想把自己的髮廊，開到全國各地去！」

這種大話說得再熱血，也只不過是「希望」、「夢想」罷了。這可不是個能讓人願意落實執行的計畫。

我們要的不是這種空話，**而是要用具體的語言，把包括「該怎麼做？」「什麼時候開始？」「到什麼時候為止？」在內的計畫內容說出口，告訴別人。**

在把計畫告訴別人的過程中，我們就會完全燃起鬥志，滿心想著「好想趕快動手做！」「快開始吧！」進而實際開始動起來。

## 又懶散又怕麻煩的人，這一招最夠力

懶散、怕麻煩、消極……有這些負面個性的人，再怎麼要他們力圖振作，恐怕沒那麼容易。畢竟個性這種東西，不是我們想改就能改變的。

所以，我們需要被「推一把」，才會動起來。

能推我一把的，就是試著把計畫「具體地說出口」。

要訣 09

用具體的語言，把計畫「說出口」——這就是極速做出成果的秘訣。

# 10 崇尚美德固然重要，注重邏輯更要緊

比練習多寡、技術高低更重要的事

## 別被既往的約定俗成局限

在「懶人PDCA」的「P」當中，有一個非常重要的關鍵。那就是擬訂「有邏輯的規範」。

社會上有很多如「美德」般被奉為圭臬的事，也就是人們口中常說的那句「既然是○○，就應該這樣才行啊」。

例如「既然是專家，既然是大師，就應該天天磨鍊技藝，不斷精進才行啊」，或「既然都出社會了，工作上就算碰到不喜歡的事，也應該不顧一切、全力以赴地投入

才行啊」等等。

在這些數不盡的「應該○○才行啊」當中，想必的確是有一些言之成理的事。

然而，這些古聖先賢的傳世教誨，備受推崇的前人常識、美德，不見得每一條都適合套用在我們身上。

那些傳統習慣，或承襲先人而來的智慧等，恐怕也不是樣樣都需要放進我們的計畫裡。

就我個人的經驗來說，髮型設計師的練習時間和練習量，就是這種不見得適合我的美德。

我當了十年的髮型設計師，那段時間還真的是每天都在練習，甚至說是「花了十年的時間練習」都不為過。當年包括我的老闆在內，所有設計師前輩都是這樣走過來的，所以我也理所當然地延續傳統，遵循古法。

對於在第一線工作的技術人員來說，練習絕不可少，畢竟師傅們就是靠手藝討生活的。

然而，耗費長達十年的光陰來精進技術究竟是對是錯，很難一概而論。因為「它是常識」、「這是美德」，就把這種「很難一概而論的事」納入自己的計畫，是一件很危險的事。

如果我的計畫是「提升髮廊業績」，那麼只要用點邏輯想一想，就會發現我該做的，並不是「拚命練習剪髮」。

說得更極端一點，我其實只要把公司網站上的價目表改一改，把單價往上調就行了。所以對我來說，更重要的是該認真思考如何訂價。

## 別把時間和精力浪費在「搞錯重點的事情」上

就髮型設計師的「傳統習慣」和「業界常識」而言，「花時間練習」向來都被視為美德。公司高層在考核員工時，也會以「是否經常精進手藝」、「練習量多寡」，來作為主要的評定標準。

說穿了就是「練習越多越了不起」。

拚命練習，精進技術，然後成為手藝精湛的髮型設計師……這當然不是壞事。但光是如此，髮廊的生意就會蒸蒸日上嗎？我認為這是兩回事。

如果髮型設計師認為自己的成功，是要「成為技術超群，屢獲大獎的美髮大師」，那麼上述這條路，或許的確值得一試。

如果各位是要在美髮師業界求生存，或是以經營髮廊為終生職志，那麼各位該做的，恐怕就不是精進技術了。

用點邏輯想一想，就不難發現：一家門可羅雀的髮廊，當務之急應該是行銷自己、招攬客人，而不是提升人員的美髮技術。畢竟說穿了，美髮師是否「日復一日地練習，累積了十年功力」這項事實，顧客一點也不在意。

要是把時間和精力花在「搞錯重點的事情」上？
對我們懶人而言，這種事情最煩人了。
為避免這種賠了夫人又折兵的情況發生，我們應該多用邏輯思考，動手去做那些真正該做的事。至於那些前人的美德或約定俗成的常識，不妨姑且先忘了吧！

要訣 10

為避免白費時間和力氣，先想想什麼才重要吧！

# 11 多花時間做好初期的「規劃」

不惜每進一步就設一個營壘，慎重再慎重

## 「急就章」、「見招拆招」、「臨場發揮」都不行

前面曾多次提過，我是一個超級「膽小鬼」。

就因為我膽小，怕失敗，所以我會在PDCA的「P」上，毫不吝嗇地花費大把時間。

「別怕失敗！」

「總之要先動起來！」

很多先進或許多旁觀者都會這樣說。

但失敗就是很可怕，當然能免則免。

況且如果鼓起勇氣行動還失敗，說不定這個經驗就會成為心魔，讓人從此裹足不前⋯⋯。

這可不是在開玩笑，想必生活中一定有人就是如此。

好不容易有了好的想法，卻「急就章」地貿然行動，最後以失敗收場，計畫全都成了泡影，那不是很可惜嗎？

因此，我們要**腳踏實地的「規劃」**。

我們要畫出一張完美的設計圖，再按部就班地行動。見招拆招、臨場發揮的經商模式，不是我這種膽小鬼做得到的。

## 有勝算的「規劃藍圖」，應具備三個重點

規劃藍圖需具備三個要素：「商業模式規劃」、「資訊規劃」和「行為規劃」。

「**商業模式規劃**」指的是服務內容、獲利（價格）和勞動型態。

「服務內容」和前面提過的「有勝算的事」有關，是要評估自己究竟能幫顧客排解什麼困擾？如何排解？可行性如何……等；而「獲利」則是如字面上所示，要考慮「怎麼賺錢」，也就是要思考售價和成本率的設定；至於「勞動型態」也是如字面所示，要考慮員工的工時、假日，再決定自己的這家店是要採全預約制，還是也收過路客等。

下一個要規劃的是「**資訊規劃**」，也就是自己的這門生意要如何曝光。說得更淺白一點，就是要思考廣告、宣傳和公關的操作手法。

廣告費究竟該不該花？如今社群媒體當道，我們究竟該怎麼妥善運用？在臉書、推特和LINE上，究竟該發什麼文章或訊息？諸如此類的安排。

這裡我不詳談這些平台操作細節，不過，所謂的社群媒體，其實各有不同的優、缺點。例如現在的年輕族群已經不太用臉書，推特發文有字數限制，而LINE官方帳號每次收到的那些通知，或許也有些人覺得煩……等等。

找出「哎呀，這招行不通」、「唉，那個也不行」的地方，把針對這些資訊傳播管道的安排，從頭到尾徹底地想過一遍。

接下來要談的是「**行動規劃**」。

這裡我們要思考的，是要落實一個商業模式，傳播相關資訊之際，我們每天非做不可的事情究竟是什麼。

若要落實一個商業模式，那我們的行動規劃，就是要思考每天該照什麼行程按表操課，投入工作；如果要安排資訊規劃方面的行動，就要思考社群媒體的發文頻率等等。

我目前經營的每一項事業，都適用這一套做法。不管是辦講座、經營社群等，我都會仔細思考該做什麼內容，該用什麼方式發佈消息，每天該做些什麼行動，該如何落實。

我個人會一邊喃喃自語，一邊在腦中思考這些規劃。前面我用了「規劃藍圖」這個詞，但我並不會真的做出詳細的書面資料來留存。

這就是我的懶人做法。

不過，動腦想想這些事，其實是一件很愉快的工作。

不寫在紙上就無法思考的讀者，不妨也可以邊構思邊寫下來。

要訣 11

**初期計畫要仔細思考，這就是付出最小勞力，取得最大績效的秘訣。**

# 12 我就是個膽小鬼，所以要確定「有客上門」，才開始做生意

先設定好絕不失敗的狀態，再正式啟動

## 蘊釀「必勝」狀態

「這個（商品、服務）社會大眾能接受嗎？」

「真的會有人想要這種東西嗎？」

「這樣真的沒問題嗎？」

……我們這類膽小鬼，在計畫階段就會一直想這些事。

那究竟該怎麼辦才好呢？

該做什麼準備才對呢？

最好的辦法就是「**先培養出一群顧客**」。

為求必勝，為求必定能讓大眾接受，所以初期最好先培養一群「絕對需要這項商品或服務的人」。

憑著一股「來吧！看看我的東西怎麼樣？」的氣勢，就貿然地把自己想做的事，或自己喜歡的東西，送到市面上去試水溫……。

萬一反應很冷清呢？

……像我們這樣的膽小鬼，絕對不敢做這樣的計畫。

所以我們要連「想要目標商品、服務的人」都準備好，先集結一群絕對願意捧場買單的人。

這就是前面也曾提過的「受眾優先」的概念。

也就是說，我們要營造的狀態，是「把顧客需要的東西，送到有顧客的地方去」。

我所謂的「受眾優先」，和「凡事都以顧客為最優先，把顧客捧手心」那種傳統的「顧客優先」思維不同。**「優先」的意思，就是要「優先確保有客上門」。**

## 營造「必勝狀態」的簡單方法

那麼，該怎麼確保有客上門呢？

一言以蔽之，就是「把球拋出去看看，和願意接的人連上線」。

找到一群有著同樣煩惱＝同樣需求的人，將他們一網打盡。

以我為例，首先我拋出球，找來一群「煩惱髮廊該如何經營的人」，提供他們一些可以作為解決方案的商品和服務（也就是講座和教材）。

所謂的「拋球」，其實就是「發佈消息」。

可以發電子報，也可以針對現有的聯絡人發送資訊，或開設專用的臉書粉絲專頁、部落格等。

總之，關鍵就是要持續拋出球來，讓大家知道「我在做這件事」、「我有方法可以解決這些問題」。商品、服務的拼湊組合可以稍晚再說，總之得讓有需要的人先意識到我在做的事。

我每個月都會在部落格上貼文，持續告訴大家「我這個月又新開了〇〇家髮廊」。這樣做的效果是什麼呢？

「北原先生每個月都有新髮廊開幕。」

「有髮廊方面的生意要談，就找北原先生。」

「來找北原先生商量看看吧！」

就這樣，對髮廊產業問題的人，都會主動做出回應。我就根據這些回應，蒐集一份通訊名單。

後續商品、服務推出時，只要提供給名單上的這些人就行了。

這就是我所謂的「受眾優先」。

先透過SWOT分析等工具，找出自己的優、缺點，再選出自己有勝算的領域——在行銷的世界裡，的確有這樣的操作步驟可循，但更快速便捷的方式，就是「球拋出去，看看反應」。

如果反應冷清，那就放棄。

要是反應不錯，那就正合我意，準備進攻！

這就是「懶人準備法」。

要訣 12

先營造出一個「絕對能看到成果」的狀態，再正式啟動，這就是成功的關鍵。

# 13「幹勁」難長久，所以別擬長期計畫

還是別指望如流水的「幹勁」

## 旺盛的工作動機，不可能保用十年

經營髮廊、社群，辦講座……我目前同時經營好幾項不同的事業。每項事業在擬訂計畫時，都有一個共通點。

那就是「不擬長期計畫」。

你問我為什麼？因為我會「厭倦」。

**發展事業需要三項資源：「財富」、「時間」和「熱情」。**

坦白說，少了這三項資源，任何事業都無法成立。理想的事業發展，應該是要能

賺到一定的「財富」，還要有「時間」投入耕耘，最後還要有願意投入的「熱情」。

然而實際上，在這三項資源當中，能透過發展事業而不斷增加的，只有「財富」，其他兩者都會不斷地減少。

只要一忙起來，「時間」就會越來越少，這一點應該不難想像。所以大家才會拚了命地講求效率化、省時等等。

會有問題是「熱情」消退。唯有這一點，是沒有任何技巧可以補救的。

就拿我來說吧！當年我剛成為髮型設計師時，對剪髮滿懷著熱情。能為顧客修剪髮型，讓顧客改頭換面，簡直是開心得不得了。我甚至還想過「要一輩子都做這一行！」

可是，我終究還是厭倦了美髮造型。

當我的剪髮技術越來越進步，逐漸熟悉這項工作之後，我「樂在其中」的程度，也隨之遞減。

當然也有些髮型設計師又學習新事物，以期能在技術上更精益求精。

可是，我並沒有這樣做。而且和我一樣的人，應該也不在少數。開始挑戰一件新事物，學會一些新東西……這些過程中的興奮與緊張，到頭來也全都會被消磨殆盡。

我不知道別人怎麼樣，至少對我而言，少了這份興奮與緊張，就無法讓工作動機維持在高檔。要對一件無法長保熱情的事，擬訂五年、十年，甚至二十年之類的長期計畫，恐怕不是明智之舉。

## 善用機制來解決問題，別指望意志力

但是，有些事業會讓人越做越有「使命感」。於是「要讓顧客天天開心」、「要守護我們這個社群」等等的念頭，自然就會湧現。

雖然已經毫無熱情可言，但使命感還在——這樣的事業就該考慮「自動化」或

「交給別人照顧」。

如此一來，我們就可以把心力轉向自己有熱情的新事物上。

或許有些人會覺得這樣的想法很不負責任，可是一件事做久了會厭倦，這實在是無可奈何的人之常情。

想光靠意志力或技巧來解決「厭倦」，可說是不可能的任務——至少對我們這種懶人是沒用的。

「想像五年、十年，甚至二十年後的狀態，擬訂縝密的計畫。」

這樣的思維，乍看之下很有計畫，很了不起，但其實有點可怕。

舉例來說，十年後，今時今日所擬的計畫是否仍舊適用？本來打算拿來進行廣告宣傳的媒體平台，是否仍在市場上屹立不搖？身旁的這些人是否都還堅守崗位？

而經商環境的鉅變，發生的機率更高（想想十年前的經商環境，的確是歷經了很大的變化）。

此外，還有一件非得考慮不可的事。

那就是「自己還有多少熱情」。

因此，在熱情燃燒殆盡之前，我們必須一股作氣地把事情做完。

要訣 13

人的「熱情」難長久。
要設定期限，一股作氣地把事情做完。

# 14 因為只有「三分鐘熱度」，所以別花十年練功

越是「三分鐘熱度的人」，越快有成果

## 「熱情」是有保存期限的

誠如前面所說，我們必須很遺憾地承認，人對事物都會「厭倦」，因為「熱情」是有保存期限的。

請各位最好對這個事實要有體認。

例如有些年輕人找到了某個目標，並朝著目標邁進。

然而，途中只要萌生「不想做了」，或是「很難一帆風順」的念頭，就會消沉沮喪，覺得「我果然是個沒用的人」、「這不是我真正想做的事」等等。

其實這種事根本毋需自責——畢竟熱情本來就是「會耗盡的東西」，會有這樣的現象，是很合理的。正是因為我們一直勉強自己「再接再厲」，才會揭開不幸的序幕。

況且當我們對某件事的熱情燃燒殆盡時，要再找到下一件「能點燃心中熱情」的事，也沒那麼簡單。尤其是「玻璃心」的人，想必更會覺得「我已經不想再跌倒一次了！」對於做任何事都變得很消極。

## 在「熱情」耗盡之前，做出成果

那麼，我們該怎麼做才好呢？

只要在熱情耗盡之前，做出成果即可。

投入自己有熱情的工作，就會有成果。

所謂的結果，例如像是「能創造出鉅額獲利」，或是「能贏得顧客的感謝」等。若能到達這樣的境界，即使後續對這項工作沒了熱情，應該還是能把這份工作當作謀生工具或使命，繼續堅持下去。

或是當擁有好的成果已如家常便飯時，我們就會多一些餘力，去思考如何在現有基礎上，延伸出下一個令人「既興奮又緊張」、滿懷熱情的新事物。如此一來，我們就會看見下一個遠景，更上一層樓——當然還是要帶著「熱情」這項資源。

然而，請各位別忘了：所謂的「新事物」，總有一天終究也會耗盡我們的熱情。回顧過去，每當我在工作上耗盡熱情時，或是熱情的保存期限過後，總會萌生一個念頭。

那就是：「（現在做的這些事）真划不來……。」

當這個念頭開始出現，就是熱情開始消退的時候。

起初光靠興奮和緊張，有時或許還能堅持一下。以我個人為例，當年髮型設計師的工作就是如此。那時我當髮型設計師的起薪，其實只有八萬日圓，生活過得相當捉襟見肘。可是，至少我還有興奮和緊張，也有熱情，所以能堅持下去。

坦白說，當年我覺得「要吃髮型設計師這行飯，還真是不容易。但就因為不容易，所以才有樂趣。」甚至還認為吃苦很酷。「薪水少得可憐，而且已經兩個星期沒休假了。」當年我竟對這樣的自己感到很自豪。

然而，就在這樣的生活成為理所當然的時候，我終究還是萌生了「怎麼會這樣？」的念頭。「我還想得到更多……」換言之，就是覺得付出想要有回報，開始尋求「回饋」了。

而這正是熱情開始消退的時機。

尤其是像我這種三分鐘熱度的人，熱情消退的時機很快就會來到。

所以我需要盡快得到回報，也就是要趕緊「做出成果」。

社會上有所謂「十年磨一劍」、「鐵杵磨成繡花針」的觀念，但這樣的做法，不適合我們這種懶人。

所以在計畫階段時，就應該預設「要盡快看到成果」。

要訣 14

早日做出成果，哪怕是一點點也好。

這就是常保幹勁源源不絕的秘訣。

# 第三章

## 踏出絕不失敗的一小步

# 15 別指望「意志」或「幹勁」

讓怕麻煩的人也能自然而然動起來的秘訣

## 即使個性懶散又膽小，有了「這個」就會躍躍欲試

擬訂出計畫（PLAN）之後，接下來就要依計畫來執行，也就是進入PDCA的「D」，也就是「DO＝執行」的階段。

或許有些人會覺得，只要我擬妥縝密的計畫，在這個階段就能立刻著手執行，但事實上並非如此。

畢竟我可是個「懶人」，又很怕麻煩。

既懶散又膽小……就算擬出了計畫，實際上還是有可能「按兵不動」。

這裡我想先告訴各位：**「別指望自己的意志、鬥志或幹勁之類的東西。」**

「我有堅定的意志，絕對會做給你們看！」

想是這樣想，但現實可不是這樣。

我在前一章當中曾提過「熱情是有保存期限的」。自己那份看不到的「心情」，其實充滿了不確定。

「明知道非得用功讀書不可，卻還是跑去打遊戲。」

「明知道非得工作不可，卻提不起勁。」

「明知應該有所作為（採取行動），卻舉步維艱。」

諸如此類的狀況，很難光用理論來釐清。

所以，懶人就要有懶人的方法，要懂得為自己打造一套驅動機制才行。

在這一章當中，我想和各位談的，就是這樣的驅動機制。

徹底落實「P」，當然也是打造驅動機制的方法之一。

我們要竭力排除所有「不想動作的理由」，例如會發生客訴，做起來很花時間，難度很高，要花好幾年才能看到成果等。

然而，我們「是否願意行動」的關鍵，也不見得全都取決於計畫。

但不願試著「先跨出第一步」，那就只會一直停留在計畫階段。

## 不靠意志和幹勁，也能起身行動的方法

究竟該怎麼做，我們才能起身行動，不指望意志和幹勁呢？

我的做法是**「跨出一小步」**。

就自己能力可及的範圍，做一些懶人也能做的事。

把一件大事分成幾個小步驟，以免對自己造成太大的負擔。

為保護我們的玻璃心不受傷，在前進的過程中一定要特別小心，絕不冒險。

只要像這樣做就好。

有了結果之後，它就會成為「回饋」，成為我們的行動向前推進的動能。

假設我們要主辦一場活動，要設法召集足夠的參加者。

我們可以從身邊的社群當中，找一些真正熟悉的朋友來問問，試著先辦一場小型的活動，不必貿然聯絡一萬人。如果小活動贏得了好口碑，對於活動是否有人捧場產生信心之後，再逐步策劃大型活動即可。

要是第一次嘗試就失敗會怎麼樣？

玻璃心的人就不會再辦什麼活動了。

我們就是意志薄弱，別指望幹勁！

可是不行動就沒有開始……。

那就一點一滴地做吧！
要擁有這種心態才行。

要訣
15

別勉強自己向前跑。
打造一套「機制」，推動自己「一小步一小步向前走」。

# 16 將環境的力量運用到極限

點燃行動力的激烈手段

## 要起身行動，還是這個方法最有力

「把自己逼到極限。」

這句話還真是不中聽。

尤其對我們懶人來說，這條路最好能免則免。

但這可不是所謂的精神喊話。（我們才剛說過別指望意志和幹勁，對吧？）

「把自己逼到極限」其實也是為了驅使自己「起身行動」的手段之一。簡而言之，它其實就是在「營造一個非做不可的環境」。

例如說這本書吧！要是出版社說「什麼時候出版都可以啊」、「想寫的時候再寫就好」，我一定不會有任何動作；就是因為對方說了「希望在○年○月前出版」，我才認真地投入這個企畫，開始向前邁進。

這樣的做法，其實就是在營造一個「**設下期限**」的環境，為自己安排一個「有人在期待我做的事，要是我不如期完成，就會給別人添麻煩，所以只能硬著頭皮做了」的條件和氛圍。

如果要用常見的例子來說明，那就是營造一個有「打卡制度」的環境。以往我任職的那家髮廊，要是忘了在上班前打卡，就會被店長罵得狗血淋頭。就因為有這樣的環境，我才能確實行動——也就是準時上班不遲到。

或許有些人會覺得「這還用得著你說嗎？」我想表達的是：這就是我所謂的「營造環境」、「利用環境的力量」，來驅使自己行動。

「把自己逼到窮途末路」這句話，聽起來或許是誇張了一點，但從上述的例子看來，不覺得它其實很日常、很簡單嗎？

想到要做什麼事，該做什麼事，就馬上排進行程裡，設下期限。光是這樣的舉動，就可以為自己營造出一個適合採取行動的環境。

## 借力使力，打造一個不得不動的狀態

不行動的人，可分為兩種類型。

第一種是「沒必要行動」型。

例如收入已可養家活口，心態上也覺得很滿足，覺得「為什麼還要沒事找事，做些有別以往的行動呢？就這樣不動也無妨吧？」的人，這是第一種。

這樣的人，生活上並沒有什麼困擾，也不是在追求些什麼，所以即使真的就這樣不動，其實也無所謂。

還有一種類型，是「有心行動，卻無法落實的人」。

想再更上一層樓，想賺進更多財富，想讓更多人認識自己……但就是做不到的人。這就是沒打造一個「環境」，來「把自己逼到窮途末路」的人，或是不知該如何營造這種環境的人。

當這兩種人來找我諮詢時，我會對「沒必要行動型」的人說：「你就這樣也不錯吧？」

有時他們會問：「可是好像不有點什麼行動，不做點想做的事，就覺得自己很遜。」但我覺得：「既然你們都過得心滿意足，遜不遜又何妨？」

而面對「該為自己想做的事付出行動」的這種人，我就會建議他們「要營造一個把自己逼到窮途末路的環境」。

舉例來說，假如今天我們辦一個需要有人來參加的活動，我們就非得自己設法動員、攬客，才會有人來；活動當天更是要親自出席，否則活動就辦不起來……就是要營造出這樣的狀況。

至於那些「不知道該採取什麼行動才好」的人，我會建議他們「總之就先試著把自己現在做的事，發到社群網站上去吧！」只要有人對貼文內容感興趣，各位自然就會找到下一步——也就是自己該採取的行動。

**要訣16**

**環境因素佔了行動力的九成，要營造一個讓自己願意動起來的環境。**

# 17 越是「提不起勁」的人，機會越是會來敲門

讓行動力覺醒的唯一方法

## 「負面情緒」會為你製造機會

「如果沒什麼事要做，我就會一直睡，要不然就是一直打遊戲。」

以前的我就是這樣。

人的資質或個性，畢竟很難說改就改，所以我直到現在，骨子裡應該還是有一些懶散的本質。可是，現在的我，已經不會睡或玩到天荒地老。

現在的我總是不斷行動，不斷地到處跑。

這是因為我從某個時間點起，突然「開竅」的緣故。

那是我二十多歲時的事。

對什麼事都提不起勁，沒信心可以做好任何事——當年我就是個這樣的人。不過，有一天，我竟然自己開竅了。

開竅的契機，就是我看了企業家中村文昭先生的演講影片。

中村先生著作很多，字字句句都很耐人尋味。不過簡單來說，就是「我雖然笨，可是笨蛋也能出頭天！」的概念（這是我個人的解讀）。

這句話打中了我的心，於是我讀遍了中村先生的著作。

我開始覺得「像我這樣的人，也能成就一些事」，從此完全開竅。

而這個開竅的狀態，至今仍在延續中。

開竅了會怎麼樣？

各位應該都猜到了，就是會採取行動。

我從小學、國中、高中……一路都被父母、老師耳提面命地要求「用功一點！」

「別偷懶！」但我當年就是很討厭學校的課程，所以總覺得「給我錢我都不讀！」

可是現在呢？

講座、書籍、教材、課程，有時還拜託別人幫忙……我每天都自掏腰包，拚命地用功讀書。

這都是因為我已經開竅的緣故。

## 越是對自己不滿意的人，越會成長茁壯

那麼，我是莫名其妙地就開竅了嗎？還是因為偶然認識了中村先生，運氣好才開竅？我想應該不是如此。

當年有幸得知中村先生這號人物時，我其實是「在追求某些東西」。

「我不想再這樣下去！」

「我想力圖振作，但不知該怎麼做才好。」

當我們的內心充滿這種「負面情緒」時，應該就是在追求某些東西，進入了天線變得特別敏感的狀態。

所以我才能找到「幫助我開竅的關鍵」。

「維持現狀就好」、「不必有所作為」，要是各位心裡有這些念頭，那就表示開竅的時機還沒到。

如果各位覺得「我不想再這樣下去」、「我覺得自己好像有點茫然」，那就是要展開行動的前兆，可以視為準備開竅的時刻。

實際採取行動，且有了一點成就之後，不管成就大小，應該都能讓人維持在開竅的狀態。

這樣的論調或許有點像是精神喊話，但這確實是我的親身經驗，所以我敢滿懷信心地與各位分享。

若覺得對現在的自己不太滿意，或覺得有點茫然等等，請各位不妨把這些情況都當作是展開行動的「機會」。

要訣 17

越是滿懷不滿或煩惱等負面心態的人，越能爆發性地發揮自己的行動力。

# 18 能量有限，所以該做的事要縮減到極限

別在一天有限的二十四小時當中，塞滿太多任務

## 丟吧！丟吧！那些沒必要的任務或習慣，全都丟個精光

「要採取行動」、「要落實執行」……。

話是這麼說，但要是沒那麼多「時間」的話，一切都是空談。

時間是公平的，每個人一天都是二十四小時。

在這有限的時間當中，要做到自己該做的事，就必須確實地把「沒必要的事」通通丟掉。

也就是所謂的「效率化」、「省時」。

**手上有一大堆事情待辦，是很辛苦的。像我們這種能量少的人，不可能樣樣精通樣樣好。**

我的「效率化」策略非常簡單。

前面也曾提過，我的方法就是大刀闊斧，「沒必要的事不做，可以丟的就丟」，僅此而已。

換句話說，就是「可以放棄的就放棄」。

為確保有足夠的時間來做該做的事，到底有什麼是可以捨棄的？在我們可以健康活動的範圍內，究竟有什麼是可以拋開的？

我會選擇優先捨棄的，是「看電視的時間」。

「看電視」這件事並沒有什麼明確的目的，大多是閒來無事隨興看看，或只是個日常的習慣。

所以我便決定先捨棄它。實際嘗試之後的結果，發現不看電視，對生活毫無影響。

此外，對我而言，說到休閒娛樂或日常習慣，那就不能不談「打遊戲」的時間了。我是個重度的電玩迷，花了很長的時間在電玩遊戲上。然而，一旦沉迷電玩遊戲，就無法有計畫地安排「只玩〇小時」。所以這個習慣，我也毫不遲疑地捨棄了。

各位不妨重新檢視一下目前自己習慣性從事的各項活動，應該可以找出很多無謂的時間浪費，或不做也無妨的事。

## 大幅拉長可用時間的「禁招」

接下來這個方法，我原本並不打算推薦各位使用，不過我個人其實也砍掉了一些「睡眠時間」。

不過，犧牲睡眠並不是我的本意，這是我太熱衷投入工作的結果，所以並不是「糟蹋身體」，而是拋開了「每天一定要睡八小時」的常識。

看電視、打電玩遊戲、睡眠……對懶人而言，這些林林總總的事情加起來，佔用的時間相當可觀。大刀闊斧地捨棄這類佔據一天當中多數時間的雜事，應該就是一種懶人式的省時方法吧。

比起細膩精準地管理行程，一分一秒地攢下空檔，這種省時法，更能簡單地空出完整的時間。

此外，提到該捨棄的事，其實應該還要從「親力親為」的觀點來思考。

換言之，就是把**「能交給別人做的，通通交給別人」**。

比方家事就是一個例子。如果洗碗佔據了太多時間，讓各位無法投入工作，不妨就用洗碗機吧。

再以工作為例，如果為了發佈消息而自己寫文章太耗時，不如就交給那些文筆好的人去處理。

自己不擅長，做起來很花時間——像這樣的事花錢處理就好。

這些行為並非「投機取巧」、「偷工減料」，而是為了把時間花在非做不可的事情上所做的投資，況且各位應該也會萌生「既然花了錢，就要專心處理該做的事」之類的想法才是。

我們的能量很少，無法多工處理太多事。

既然如此，就該懂得取捨哪些事「不做」。

要訣 18

與其細膩精準地管理，不如大刀闊斧地割捨，更能在沒有壓力的情況下，增加自己可用的時間。

# 19 保留充裕的時間，才不會慌了手腳

不讓「金錢」、「時間」、「熱情」燃燒殆盡的簡單習慣

## 充裕的資源是行動力的泉源

「金錢」、「時間」和「熱情」——這三者是我們想達成某項目標，或想在商場上功成名就時，絕對必要的「資源」。

我在前一章已介紹過這個觀念。

我們必須隨時「確保」這些資源不虞匱乏，否則便無法採取行動。

畢竟有些事沒錢就是辦不到，沒時間就是行不通，甚至還有一些是少了熱情就辦不成的事。

這項原則，應該適合套用在任何人身上。

想確保「金錢」這項資源，方法就是要在事業上做出一番「成果」。

談到「確保」這個字眼，總不免讓人覺得它充滿資產防禦、投資或融資等方面的色彩。不過，我想表達的，就是要以「思考該怎麼做才能賺得更豐厚的收入？」為最優先考量。

換句話說，其實它也就是我們在第二章所探討的主題：各位是不是在做「有勝算的事」？我們必須隨時檢討自己目前發展的事業，是不是「有勝算的事」，而非「想做的事」或「喜歡的事」。

至於「時間」的確保，則如前項所述，要落實「沒必要的事不做」，以創造出更多時間空檔。

我個人認為，「確保時間」這個項目，是在「執行」階段最重要的工作。

很多人為自己「不行動」所找的理由，是「沒有空」。

「只要有時間，要我做多少都行。現在就是忙得沒空處理，所以才沒做到。」社會上充斥著這種藉口。

既然沒有時間，那就要懂得創造時間。

創造時間的方法如前所述，就只要貫徹「沒必要的事不做」即可。

這應該不至於太困難。

## 簡單小撇步，讓你的幹勁油然而生

其實，要確保「熱情」這項資源，才是比較困難的。

我再三強調，人對事物都會感到「厭倦」。這不是什麼了不起的理論，而是人的天性如此，無可奈何。

懷抱再多熱情，總有冷卻的時候。要等到貫徹另一項任務，也就是「看到成果」

之後，才會萌生一股新的熱情。

所以，面對每項任務，懂得懷抱「貫徹到底，留下成果」的心態，至關重要。

那麼，要怎麼樣才能把手上的任務貫徹到底呢？

意志力薄弱、缺乏毅力……適合這些懶人的做法，就是**「設定目標，貫徹到底」**（這個部分稍後會再詳述）。

以我個人為例，只要我有「在YouTube發新影片」這個任務要「執行」，我就會一併設定上傳的影片數量和期限。

換句話說，其實就是要設定目標。這個動作真的非常重要。

舉例來說，我一旦設定了「每週上傳二十部影片」的目標，就可以算出「一天要拍幾部影片才夠」，而它就會成為我的行動目標，也就是後續的行動計畫。

剩下該做的，就只有貫徹到底而已。

「貫徹到底」會帶來成就感和自信心，若再伴隨一些成果（以YouTube而言，就是觀看次數和訂閱人數），就能重新點燃你我的熱情，確保這項資源不虞匱乏。

究竟該怎麼做，才能讓目標「貫徹到底」呢？
只要把它排入每天的行程，當作一個待辦事項即可。
這樣說或許有點不恰當，像我們這樣的懶人，個個都是「不排入行程的事，一律不做」。
畢竟我以前可是個沒行程就會在家睡到天荒地老的人呀！

要訣 19

缺乏「金錢」、「時間」和「熱情」，就無法行動。
要隨時為自己充電，讓自己做起事來更從容。

# 20 一次嘗試不會成功，所以要把標準設為一千次

告別只想一次成功的完美主義心態！

## 要跨出新的開始時，不妨「乘勢而為」

想讓懶人俐落明快地行動，必須準備合適的環境，自己推著自己向前走。

因為不這麼做，我們絕對不會採取行動。

即使我們內心深知「行動最重要」，但光是這樣，還不足以讓我們起身行動。理由如前所述——因為我們無法指望意志或幹勁的支持。

為打造一個讓人願意行動的環境，我們捨棄了沒必要的事，確保了充裕的時

間……。

當我們要跨出新的開始時，需要的其實是「乘勢而為」；**而要營造這股氣勢，我們需要相當程度的「量」**。

這究竟是什麼意思？

要做的「行為」本身可以是簡單小事，一點一滴聚沙成塔。但我們要設定目標，讓自己大量執行這樣的小事。

「我要寫部落格！」很多人應該都有過這樣的念頭。可是就連這樣的一件小事，恐怕也很難從一開始就寫出品質精良、大獲肯定的文章。

因此，我們要以量取勝——先不考慮品質如何，總之就是腳踏實地地累積部落格的文章篇數。

我個人當初在開設部落格時的目標，是一年寫一千篇文章。

既然非得以量取勝不可，應該有很多人都會誇下海口，說「寫個一百篇沒問題」。而我給自己的目標，是一千篇文章。

如果我滿腦子只想追求品質，那麼一年一千篇絕對無法達成。所以我一開始就只是埋頭猛寫，寫完就上傳。

既然部落格上累積了一定數量的文章，當然就會出現點閱次數稀稀落落，和點閱次數多的熱門文章。

先看出這樣的讀者偏好之後，再考慮文章品質也不遲——觀察熱門文章的趨勢屬性，分析出讀者會對哪些關鍵字反應熱烈，再多寫同方向的文章即可。

而要順利完成這一連串的檢核，就需要一千篇文章。

## 小事先做一百次，再回頭檢核

簡而言之，我所採取的，就是「亂槍打鳥」式的行動。鎖定目標，找出更有效的方法……有時再怎麼絞盡腦汁，也不見得會命中。這對我們這種玻璃心的人來說，還真是痛苦的煎熬。與其如此，倒不如先在數量上衝刺。

各位不妨稍微想一想：

我們確保了充足的「金錢」、「時間」和「熱情」，接下來就只要把計畫付諸行動……。

此時，要把事情做到什麼程度，是我們可以自由決定的。既然這樣，何不放膽地貪心地一點？

買彩券時，沒人知道會不會中獎。也就是說，付出努力後能否得到成效，我們根本無從決定。

不過，要買幾張彩券，是個人的自由。

從機率問題的角度來看，買一百張應該會比買十張彩券更有機會中獎，而買一千張彩券會比買一百張彩券更有機會中獎。

我無意把工作和彩券相提並論。

我想表達的是：即使再怎麼希望事情「從起步就順順利利」，但這也不是我們能決定的。

能憑一己之力決定的事，規模訂得越大越好。這樣做有助於為後續的行動營造「氣勢」，推動自己向前進。

我們要在短期內大量執行一項行動，哪怕是再小的行動也無妨。幫助自己乘勢而為。

這是為無法持之以恆的懶人們，所設計的懶人行動法。

要訣
20

行動每執行完一百次，就回頭檢核箇中變化，以提升「成長率」和「成功率」。

# 21 剛開始只要把「貫徹到底的事」放在心上，別在意「成果」

計畫要擬短期，而非長期

**不可能「每天都很努力」，那就趁有幹勁時「在短期內貫徹到底」**

我在第二章當中，曾提過「我不會擬定為期五年、十年的計畫」。

再怎麼拚命擬定計畫，就算連細節都考慮過，五年後、十年後會發生什麼事，誰都說不準；現在認為有效的工具，到未來究竟還在不在，誰都沒把握；更何況還有人會對眼前正在推動的工作感到厭倦，說不定連「熱情」這項資源都快要被耗盡……。

既然如此，那麼計畫只要「擬一年就好」。

不過，在執行計畫時，有一件必須遵守的原則。

那就是要「貫徹到底」。

要下定決心，在一年內貫徹自己的計畫。

每一步的行動可以很小，可以一步一腳印地前進，但一定要在一年內貫徹到底。

如前所述，在付諸行動之前，我們無從得知事情做了之後能否看到「成果」。因此，光想著成果會如何，只會讓我們裹足不前。

「成果要等（行動）執行之後才能看到。」諸如此類的說法，我認為是很正確的。

假如我們真的擬訂了五年、十年計畫，想必身為懶人的我們在第一年應該不會使出全力吧。（這種懶人的心態我很了解。）

因為懶人會找很多藉口，例如「剛開始這樣就夠了吧」、「我明年再努力」等等。

懶人該用的執行方法，是一起步就要火力全開的短跑，而不是細水長流的長跑。

仔細回想，我一路走來，也只用過短跑式的執行方法。

有些人會把「每天拚了命地努力」視為一種美德。然而，等到每天的努力開花結果時，或許情況早就變了。

例如我接下來想在 YouTube 的頻道經營上多投注一些心力，可是坦白說，沒人知道三年後 YouTube 究竟還是不是個有效的傳播工具，甚至連一年後的狀況都很難說。

所以，我決定「總之先做一年」，為自己訂下期限，並且拚命上傳影片。我設定的影片數量目標，就是一千部。事實上，我也已為此保留了充裕的時間。

## 就算是超級懶人，也能「貫徹到底」的私房秘技

「要貫徹執行為期一年的計畫，還是很辛苦。」

「一年才不是短跑。」

想必還是有些超級懶人會這樣想。

要怎麼做才能讓這些人起身行動呢？如何讓他們成功地「貫徹到底」？

各位心中應該有答案了吧？只要把距離縮得更短即可。

為自己訂出一天、一週和一個月該貫徹執行的進度。然後逐一貫徹到底。

如此累積「貫徹到底」的經驗，進而實現一整年「貫徹到底」的目標。

我們不見得一定要用「列出待辦事項清單」、「一早起床就確認待辦事項」等拐彎抹角的方法，只要在記事本裡寫下要做的事就好。

行動沒有明確目的，只會讓我們疲於奔命。看不到終點的行動，只會徒增焦慮。

既然如此，何不試著「在短期內一股作氣地行動」呢？

**要訣 21**

趁幹勁消耗殆盡前，做出許多「小成果」，並把它們當作發動下一波行動的燃料。

# 第四章

## 反覆檢核
## 並把內容「說出口」，
## 讓每個人都能如法炮製

# 22 提升「可重複性」，讓每個人都能如法炮製

把方法明確地「說出口」，直到能把任務完全託付於人的地步

## 提升「可重複性」，就能節省時間

檢核行動內涵，揪出「沒必要的事」，並把行動轉化為「人人都能如法炮製，而不是只有自己會」的事——這就是PDCA的「C」，也就是「CHECK＝檢核」階段。

**在這個階段中，重點關鍵字是「可重複性」。**

**所謂的「可重複性」，其實就是「人人都做得到」的意思。**

比方說，我在講座中會教學員很多方法。

如果那些方法只有我能辦到，或因為是我才能做到，那麼對前來參加課程的學員而言，就是一無所獲了。

又或者是當我拜託員工處理業務，交辦工作給員工時，如果這些工作、任務缺乏可重複性，只有我自己會做，那麼我的工作就會像滾雪球般越積越多，而員工也無法成長。

所以，當我們採取行動，並獲得成功時，要確實找出成功的原因，加以檢核。這個動作，能幫助我們確立自己的成功模式、必勝心法，帶來更多新的成功體驗。

這些成功模式或必勝心法，日後會成為可供人參考的內容，或是在交辦工作時，成為一份標準作業手冊。

## 正因為是「玻璃心」，所以要確實提升可重複性

正在翻閱這本書的您，想必一定很清楚，我，北原孝彥，絕沒有出類拔萃的才華，絕不是「憑感覺弄一弄就紅了」、「照常做一做就成功了」的天才型人物。

我既懶散又玻璃心……坦白說，我還很害怕失敗。所以，我總是很細膩地思考事情究竟該怎麼做才會順利。

包括經營髮廊在內，我會開始辦講座，經營社群，還像現在這樣出書，都是因為想把「像我這種人都能成功的方法」與別人分享，期盼聽過的人也能成功。

可是，如果我的成功經驗，是因為「我來做才成功」、「換了人就不管用」的話，那麼我分享這些經驗，也只不過是自吹自擂罷了。

當我們把知識秘訣或機制的傳達，當作一項服務（商品）時，如果這些商品缺乏可重複性，到頭來只會接到客訴。

顧客會客訴是很合理的——因為顧客聽了一堆自己根本做不到的事，對他們來說

一點意義也沒有。

## 我是膽小鬼，所以不承諾「做不到的事」

在我心目中，商品、服務的可重複性，就是一種「承諾」。「你也可以做得到」——這是提供內容的業者，與顧客之間的一份承諾。背棄承諾會遭人唾罵指責，這是很簡單的道理。

所以，我不承諾自己做不到的事。我只供應具備可重複性的商品或服務。

結果怎麼樣呢？

因為我不會背棄承諾，所以不會辜負顧客的期待。我的商品、服務不僅無人客訴，還逐漸累積出了信譽。

「不承諾做不到的事。」

具體而言，究竟是不做哪些承諾呢？舉例來說，我替客戶進行顧問諮詢時，絕不會說「聽我的，包你穩賺這個數字」——我想表達的，就是不做這種不確定的承諾。

反之，我會告訴顧客：「我會陪伴您〇小時」（承諾），盡我所能地付出。

坦白說，作為經營管理顧問，我能承諾的事，其實就只有這麼多。

至於客戶的商品能否暢銷熱賣、大發利市，端看客戶是否願意採取行動，我鞭長莫及。

面對顧客如此，我對員工和其他工作人員也是如此。如果員工的成長模式無法複製，那我就不會聘請員工。

「我們的薪水太低，根本無法生活。」

「大家再拚一段時間，就能加薪啦！」

「一段時間是多久？」

勞資之間若是只能維持這樣的互動，恐怕也只是彼此煎熬罷了。

要檢核行動內涵，增加有效行動的可重複性。
請各位不妨隨時提醒自己，並檢視是否落實。

**要訣 22**

徹底檢核自己的行動，提升可重複性，
也是為了避免虛耗無謂的體力和心力。

# 23 靠「說出口」來提升可重複性

天才型人物辦不到，只有普通人才懂的最強技能

## 「懂得如何用語言表達的能力」是一項威力強大的武器

我們要多檢核行動內涵，增加有效行動的可重複性。

那麼，究竟該如何增加可重複性呢？

這時我們需要做的，就是在第二章也談過的「說出口」。

所謂的「說出口」，就是「用具體的語言來表達」。

例如我們在前面也提過，那些總能「憑感覺弄一弄就紅了」、「照常做一做就成

功了」的天才型人物，就沒有辦法將自己的技術說出口。

這種人無法傳授「順利成功」的做事訣竅。

他們自己可以把事情做得有聲有色，但恐怕很難把自己的經驗化為標準作業手冊，交付給其他員工處理；或是製作成內容，放到媒體上去傳播，以便教人如何邁向成功。

換言之，「增加可重複性」和「說出口」，幾乎可以劃上等號。

我開始意識到「說出口」這件事，是在我二十幾歲的前半部分。當時我是髮廊的髮型設計師，為客人服務時，要說明我們使用的產品，包括洗髮精、潤絲精、髮蠟和造型噴霧等。

「為什麼我們要用這項產品？」「它有什麼特色？」為了向顧客說明這些事項，我試用了店裡的每一項商品。

升上店長之後，我得把這些內容說出口，告訴我的部屬。

「究竟要有哪些作為，才能提升業績？可不可以說得具體一點？」「我該為顧客做些什麼？」團隊領袖、主管在傳授諸如此類的工作心法，協助部屬掌握工作要領之際，都需要具體的描述。

「（工作）只要用眼睛看就會懂了」、「給我自己動腦想一想」這種做法，培養不出好人才。

像我這樣的懶人，最能了解這一點。

所以我很確實地要求自己，在對顧客、部屬說話時，要用具體的描述。

## 培養「說出口」能力的簡易訓練法

想培養「說出口」的能力，不妨試著把自己精通的技術或想法寫成文章。直接面對面說話，容易被氣氛影響或是揣測言外之意；但寫成文章，就不能使用模糊的描述。

因此，要檢核行動內涵，可以試著把自己做的事，寫成精緻的文章；接著再把自己從中看到的優、缺點，寫成另一篇精緻的文章。

比方說把自己做的事寫成文章，貼在社群媒體或部落格等平台，效果應該會相當不錯。

此外，**所謂的「說出口」，其實就是「說明」，所以懂得積極把握說明事物的機會，也很重要。**

在上述的社群媒體或部落格等平台上，為自己設定「說明○○」之類的主題，試著寫成文章，也是很好的訓練。

以我個人為例，為了多製造一些向他人說明的機會，便要求自己經常舉辦講座。收費講座是最需要為說明負起責任的機會。

無法好好把話「說出口」，又不具可重複性的內容，只會讓特地前來參加的學員失望地離開——像我這樣的膽小鬼，光是想像這個光景，都覺得毛骨悚然。所以我才會刻意多加安排講座，加強訓練。
這也是一種「說出口」的訓練。

要訣
23

好好鍛鍊「說出口」的能力，也是為了借助眾人的力量。

## 24 靠「說出口」來解決各種疑難雜症

消除「憑感覺」，人生就能萬事亨通

### 減少日常生活中的「憑感覺」

「憑感覺」非常危險。

不論是在計畫、行動或檢核階段，我想應該有很多人都是「憑感覺」就往前衝。

「我憑感覺，就覺得自己想做這樣的事。」

「我憑感覺，就試著做了一下。」

「我憑感覺，就覺得應該是這麼回事。」

這些說法都沒有達到「說出口」的水準。

不過說穿了，我們每天的生活，幾乎都是靠「憑感覺」的選擇，「憑感覺」的決定在過日子。

早上起床之後，想想今天要穿哪一套衣服？要不要吃早餐？午餐要在哪裡吃？工作要從哪一件事開始處理？要做到什麼程度？幾點下班？幾點上床睡覺……。

簡而言之，幾乎所有日常大小事，都是看「當場、當下的感覺」來決定。

先撇開工作不談，我對於過這種生活的人，絲毫沒有半點否定的意思——因為我本人以前就曾經是「憑感覺過完一天」的代表人物。

**可是到了商場上，「憑感覺」是行不通的。**

若真的有人是憑感覺就成功，憑感覺就萬事亨通，憑感覺就有人追隨，那其實也很好。只不過，恐怕不是人人都能如此深受幸運之神的眷顧。

況且要當一個交辦工作的領導者，或在實現夢想與目標的路上需要有人幫忙，又或是經營「收費課程」生意的人，更不能說「這個憑感覺做就好」。

## 試著為每個舉動找理由

因此，從平時就要懂得養成「說出口」的習慣，至關重要。

為什麼選擇穿上這一套衣服？為什麼買了那樣東西？為什麼會決定吃這個？就這樣為生活中的每件事找理由，試著更具體地闡述自己是基於什麼樣的理由，而做出了哪些行動。

把所有的「憑感覺」化為「說出口」的內容之後，各位在商場上也會養成凡事「說出口」的習慣。

目前在我所經營的社群當中，「打造講座的可重複性」已成為一個課題。換句話說，就是每次都要募集到一定數量的學員來參加。

過去我的講座只在東京和大阪兩地舉辦，只要在臉書上宣傳個兩、三次，輕輕鬆鬆就能找來五十到一百位學員。然而，當我把活動規模拓展到全國時，會場的出席人數頓時變得淒慘無比……。

因此，我開始分析「為什麼在東京、大阪舉辦就有人來參加？」「為什麼在全國各地舉辦就沒人來？」也就是把和籌辦講座相關的行動——如何招募學員，為什麼用這些方法等等，徹底地「說出口」。

## 搞錯重點的行動變少了

結果發現：原來問題不在講座或宣傳內容，而是在於關鍵人物是否接收到講座資訊。簡而言之，就是宣傳管道的問題。

既然如此，我最該優先執行的，就不是研擬講座的內容，而是打造合適的宣傳管道。在戮力打造宣傳管道之後，我甚至可以知道：在事前問「〇月〇日要辦講座，有沒有人想來參加？」需要有幾人應聲附和才算成功。

這也是落實執行「說出口」之後，所帶來的檢核成果。

分析出絕不失手的成功方程式，不做搞錯重點的事……。
這個願望也能透過「說出口」來實現。

要訣 24

把已執行的舉動「說出口」，並加以檢核，
就能提升行動的準確度，大幅降低無謂的行動。

# 25 提升「說出口」能力的簡易方法

「對牆練習」能讓「說出口」的技巧突飛猛進

## 透過拚命向人訴說，來提升思考的精確度

「把自己的想法化為語言，具體地說明。」

這種機會其實並不多。

就算有，多半也只是說明當下、眼前的事，而不是完整說明自己的計畫。

我們該怎麼做，才能把自己做的事好好地「說出口」，進而把它們轉化為可供人參考、仿傚的內容呢？

我的做法是：

**不顧一切地向人訴說。**

這樣就夠了。

這個舉動的內涵，和「找人商量」稍有不同。它的目的，是需要我們拚命向人訴說，把話「說出口」。

我把這樣的過程，稱為「對牆練習」。

## 可望為行動力增添動能

「對牆練習」其實還有調整心態、推自己一把的效果。

誠如我在第二章所說的，對牆練習——也就是拚命地把自己的具體想法、計畫，以及現在的行動告訴別人，內心就會充滿期待。

用具體的描述來把事情「說出口」，就能找出計畫、行動當中的漏洞，也就是所謂的「缺陷」、「粗糙之處」（有時是在對牆練習的過程中，因為聽了對方的指正而發現的）。

於是我們就會想盡早改正缺陷，為自己帶來正向的「焦慮」。

再者，在「說出口」的過程中，有時也能幫助我們加深「這個想法真的有勝算」的念頭。如此一來，我們就會迫不及待、坐立難安，只想趕快改正缺陷，著手執行計畫、付出實際行動。

其實我剛開始把髮廊連鎖的版圖往日本全國各地拓展之初，也用過「對牆練習」這個方法。當時我拚命向別人說明，從對方的反應當中，確定我有成功的把握——也就是我確實地把自己的想法說出口，而這些想法，也獲得了眾人的肯定，認為它們「有勝算」。

我還記得當時覺得「這下子只能衝了！」的光景。

## 還能把改善想法打磨得更細緻

所以，我現在從事的這些活動，絕不是我自己一個人福至心靈的想法，也不是獨自摸索出這條路。

我找了好幾個人，反覆進行「對牆練習」，徹底把所有想法、計畫都「說出口」——這個過程其實就是在執行一個無懈可擊、絕不失敗的專案。

我想各位應該都已經看得出來，「對牆練習」最大的目的，是要將自己的想法「說出口」，進而整理、打磨，而不是要「問出別人有什麼好點子」。

所以，在「對牆練習」時，不必拿出「那該怎麼做？」之類的問題，希望對方給出答案。

我以往也曾多次把自己想做的事告訴別人，結果換來對方「這絕對不可能啦！」「嗯……這個不好說……」之類的反應。

這時，**「那該怎麼做？」這個課題，要由我們自己來思考。**有了改善對策之後，再找同一個人做「對牆練習」。

經過這樣的反覆對牆練習，我們的行動就會變得果決而不會輕易動搖。

## 對牆練習也可幫助我們找出缺陷

然而，的確也有人不擅長「對牆練習」。

例如在我的社群裡，也有人會找上我，說「請陪我做對牆練習！」但在這些人當中，有些人實際行動，根本還沾不上「對牆練習」的邊……。

簡而言之，姑且先不論想法或創意好壞，他們連自己的想法都說不清楚，更無法把計畫「說出口」。

只要我稍微追問「這件事你打算怎麼開始？」他們就會說：「沒什麼打算，就是打算憑感覺……。」

憑感覺！說出這句話的瞬間就已經出局了吧？

這樣的反應，剛好曝露了他們的計畫根本無法「說出口」，也缺乏可重複性。

社會上充斥著各式各樣的思考術和創意發想法。而「對牆練習」，則是一套人人都能輕鬆上手的方法。

值得強力推薦。

**要訣 25**

**對牆練習、對牆練習、對牆練習。**
**拚命地把自己的想法告訴別人吧！**

# 26「對牆練習」的終點是用邏輯駁倒對方

看得見的邏輯，比看不見的熱情更重要

## 挑選「對牆練習」的對象時，需注意幾個重點

「對牆練習」是我在事業上非常重要的一項技術，這裡我想再補充幾點。

平常我都是和什麼樣的對象進行「對牆練習」呢？

基本上，我會請各路人馬來當「對牆練習」的對象，例如社群成員、事業夥伴，或是在餐敘上偶然認識的人……。

不過，這項工作也並不是人人都能勝任。當我與各種不同來歷的人談過話之後，

自然就會鎖定當中的一部分，他們是我覺得「想請他聽聽我的計畫」的人。

目前最常陪我「對牆練習」的，是和我一起工作的事業夥伴。只要我一有新想法，或想推動一項新措施時，總會去拜託他陪我「對牆練習」。

而他也把我當作「對牆練習」的對象，對我傾吐很多事。

就在這樣「對牆練習」的互動之中，我總能真切地感受到自己「說出口」的內容越來越細膩、嚴謹。「說出口」的內容越細膩，想法就越精準，越有能力做出精密或沒有缺漏，更不會失敗的行動。

## 定期匯報，能讓PDCA循環運作得更順暢

此外，如果自己做了什麼事，都能定期向一位前輩——也就是如同「導師」

（Mentor）般的人物匯報，那就更理想了。

前面也曾提過，「對牆練習」的目的，是要把自己的想法「說出口」，而不是請對方告訴你應該怎麼做。但對我來說，和我保持「定期匯報」關係的人，其實正是「對牆練習」的對象。

我並不會向他們尋求具體的建議，例如「這裡你該這樣做」，或「不是那樣，要這樣做」等等。

我們之間，大概僅止於我說「我出了這種紕漏」，對方就會說「是喔？我以前也出過同樣的紕漏，沒什麼啦！」之類的對話。這樣的互動，能讓我把自己的失敗說出口，進而自己揪出失敗的原因。

## 在眾人面前說話的機會，是「對牆練習」的絕佳良機

還有，在「對牆練習」的過程中，有時會帶來意想不到的機會。例如我曾在餐敘的宴席上，請剛認識的新朋友陪我「對牆練習」（我當然不是直接開口說「請陪我對牆練習」）。拚命地把自己的想法說出口之後，沒想到對方竟說：「下次要不要來我們公司當講師？」直接邀請我去演講。

此時要是推說「不不不，我擔待不起」，婉拒這個機會，那就太可惜了。因為在拒絕的當下，新的可能性便就此熄滅……我為什麼要提起這一段往事，是想告訴各位：只要好好「對牆練習」，這樣的機會也可能找上門。

在眾人面前發表論述的演講，可是「對牆練習」的絕佳良機。

## 只要加點「這個」，說話就能更有邏輯，更具說服力

在進行「對牆練習」時，與其大談個人的努力與展現熱情，其實談話內容更要特別注意「具體性」是否足夠，能否有邏輯地駁倒對方。

努力與熱情固然重要，但這些內在元素很難實際用肉眼看到，也不容易用兩三句話解釋清楚。

空有努力與熱情，旁人不會以實際行動支持，事情也不會向前推進。

因此，我不建議在一開始就在努力與熱情上著墨太多。要盡可能有邏輯地、具體地描述計畫，讓每個人都能聽懂。

說話要有邏輯，訣竅就在於要盡量在字裡行間加入數字，例如「目標營收〇〇圓」、「預計執行〇個月」、「達到〇人規模的事業」等。加入數字，就能讓我們的描述更具體。

## 過程中迸出的靈感要趕快記錄，當作自己的資產

附帶一提，在「對牆練習」的過程中，如果腦中湧現新的靈感或改善方案，又或是對方主動提出建議時，我都會立刻用手機的記事本功能做筆記。

在「對牆練習」時得到的靈感，都是各位的資產。妥善地記錄、保存這些資產，等到日後各位準備開始執行計畫時，它們都會是推動各位前進的燃料。

## 有助於整理自己的想法

所謂的「對牆練習」，表面上雖然是在向他人說明，但其實是在整理我們自己的想法，也就是在「自問自答」。把這些自問自答的內容向外輸出，對他人「說明」，別只是悶著頭默默進行。

這個動作的效果相當可觀。
況且一點也不困難，更不花半毛錢。
建議各位不妨試著找幾個「對牆練習」的對象。

要訣 26

「對牆練習」做到極致，還能提升語言表達的邏輯能力。

## 27「簡報力」是最具威力的商務技能，連懶人都想學會

因為我們怕麻煩，所以要用「語言的力量」鼓動身旁的人

### 無法鼓動旁人，就得凡事一肩扛起

若要從目前學到的商務技能當中，挑出威力最強的一項，我想我應該會選擇「簡報力」。

只要具備簡報能力，就能解決商務上的各種疑難雜症——至少我是這麼想的。

或許有人會這樣想：所謂的簡報，不就是像剛才談過的那樣，先「說出口」，再「對牆練習」嗎？

不過，**簡報其實比「對牆練習」更高一籌，要把「順利發展」所需的資訊，化為能說出口的語言、文字，再向他人提報。**

無論我們想到多麼精彩絕倫的企畫，若不能好好地「說出口」，成功機率就只能聽天由命。所以我們才要「對牆練習」，好好地把話「說出口」。

況且再怎麼完善精美、無懈可擊的企畫，都需要得到企畫接收方（事業夥伴或客戶）的認同，否則企畫永遠不會啟動。

反之，只要具備最強大的簡報力，不管是什麼樣的提案，都能獲得認可。

## 想鍛鍊簡報力，請做這件事

簡報時需要的，是「說話技巧」。這一點和執行「說出口」時的需求很不一樣。

不過話說回來，我本來其實是個玻璃心的人，怎麼可能知道如何把話說得既有說服力，又讓人聽得入迷？

於是，我決定找一個說話令人聽得入迷的高手，試著百分之百模仿他的說話方式。我模仿的對象，就是在前一章介紹過的企業家——中村文昭先生，以及蘋果公司的創辦人史蒂夫·賈伯斯。

多家報章媒體都曾介紹過賈伯斯的簡報，所以應該大部分的人都不陌生。他的簡報是以英文進行，所以我模仿的是他用字遣詞，以及從容大方的舉止。

至於中村文昭先生，因為是我個人的偶像，所以我試著吸收他演講中的所有精華。我曾有過一段時間完全不聽音樂，就只聽中村先生的演講和講座課程。不管是在家或是搭車移動，就是一直播放這些內容，不斷地學習。他的著作，我當然也全部都讀遍了。

就這樣埋頭苦學了一段時間之後，我說話的方式，甚至是連想法，都和中村先生越來越像。之後我又透過「對牆練習」，一次次實際向人訴說，終於磨練出能讓人聽得入迷的簡報力。

**若想練就紮實的簡報功力，就找個自己喜歡的，覺得「真想變成他那樣」的崇拜對象，試著完全吸收、模仿他的說話方式。**

此外，前面也曾提過，若有在眾人面前說話的機會，請先不要拒絕，把每次機會都當作練習，試著多說幾句話。

很多人都會說「我不太會講話……」，也曾有這樣的人找我商量「怎樣才能在眾人面前侃侃而談」，我都會這樣回答：「當有機會在眾人面前說話時，請抱持著『命運的分岔路口，總會在這種時候出現』的心情去面對。」

再怎麼不擅言詞，都不會害人陷於不幸。就算真的出了洋相，也只是那麼一眨眼的事。

更重要的，是希望各位能好好想一想：難道就這樣一輩子當個不敢在眾人面前說話的人嗎？還是要練就一套最具威力的商務技能呢？

我要再強調一次：簡報力是最具威力的商務技能。

要訣
27

# 培養紮實的簡報力，就能借助身旁眾人的力量。

# 28 透過定期「回顧」，來提升「成功的準確度」和「成長的速度」

一天也好，一週、一個月、半年，甚至是一年也罷，要訂定頻率，定期回顧

## 聚焦在「行動量」上

「回顧截至目前為止的行動，並加以檢核」——這是在PDCA的「C」，也就是「CHECK＝檢核」階段不可或缺的工作。

我也很重視這個「回顧」的動作。

因為我一直都在埋頭短跑，要提升成功的準確度，加快成長的速度，就必須時時思考哪一套跑法的表現最好，並加以改善。

回顧時最關鍵的重點，就是行動的「量」。我們固然要透過數字來檢核成果，更應該好好確認「在達成這個數字之前，付出了多少努力」。

以招攬顧客為例，我們要檢視的，是「在社群網站上發了多少篇文章，才成功招攬到顧客？」

至於回顧的頻率，以我個人而言，小規模的回顧，是每週寫一篇部落格文章；需要花長時間仔細審視的，則放在每半年舉辦一次的回顧營。有些人甚至想每天回顧，其實也無妨。

對我來說，每半年一次的回顧，是要在「檢驗」的同時，進行下一階段的「計畫研擬」，所以會投注特別多心力。

這種半年一次的回顧行程，我會一個人關在飯店裡，住個一、兩晚，心無旁騖地進行。除此之外，我還會和五、六位事業夥伴共同召開「盤點學習會」，進行半年一次的回顧。

## 不妨以「宿營」形式，每半年進行一次回顧

自己關在飯店裡，究竟是在做什麼樣的回顧呢？我會把自己過去在臉書動態時報上的貼文，再拿出來審視一番。

臉書的動態時報，其實就是把自己既往的行動，依時間序列堆積出來的產物。所以自己半年前究竟在做什麼，一年前曾想過什麼，全都列得清清楚楚，一目瞭然。

尤其在臉書上還能看到自己**「這段時間和誰在一起」**。

不論於公於私，「人」終究還是一個很重要的元素。

回顧時除了要檢核自己「與誰合作的專案很成功」，當時的心理狀態，例如「和這個人往來之後，我變得更常笑了」，或是「和這個人在一起，氣憤的時間特別多」等，也都能鮮明地回憶起來。

就像這樣，釐清自己做的哪些事是好的，哪些事早知道就不碰，哪些該做，哪些

不該做，還要找出牽動自己心情起伏的人究竟是誰。

## 「回顧」是最好的例行活動

像臉書這些社群網站，其實不只是發佈消息的工具，更是用來回顧過往的記錄。所以，各位如果還能多貼一些影像方面的資訊，日後回顧起來會更方便。

和半年、一年前相比，自己的行動有哪些變化？有沒有成長？

要是我們只忙著處理眼前的工作或後續的行程，恐怕就不會有心做這樣的檢核了。因此，我建議各位不妨把每半年、一年的回顧當作例行行程，進而化為習慣。做起來一點都不困難，只要看看自己在社群網站上的貼文即可。

## 定期回顧還能讓PDCA運轉順暢

對臉書等社群網站有些抗拒的人，平常可以寫寫日記或記事本，又或者是利用零碎空檔在手機的記事本上做記錄。

不論選擇哪一種形式都無妨。定期回顧自己的行動，是落實PDCA，並提升個人計畫成功率和成長率的最佳習慣。

而且，只要做這樣一個簡單的小動作，就能看清自己在工作或人生路上的方向，以及如何避免讓心靈受傷。

這下子沒有理由不做了吧？

## 要訣 26

# 不論於公於私，都能透過「回顧能力」讓你我扭轉劣勢。

# 第五章

# 不斷改善，讓自己更輕鬆

# 29 懶人要時時謹記「一石六鳥」

不斷改善，讓自己可以輕鬆到極致

## PDCA的最後階段

懶人PDCA的最後階段「A」，也就是「ACTION＝改善」，這時候要重新調整前面檢核過的行動。

換句話說，就是不做沒必要的事，把該做的事做好，同時還要讓自己的行動越來越有效率。

如前所述，我為了增加自己的「行動量」，運用了很多巧思。

軟爛魯蛇、膽小鬼、懶惰蟲，都不能指望靠意願或幹勁等「意志力」來成事。所以**我們只能運用一點巧思，或擬訂一些行動機制，設法把PDCA做起來。**

該投注心力的地方，我們努力奮鬥；可以放鬆的時候，我們就盡量放鬆——這就是我們在改善階段的目標。

## 能輕鬆的地方就輕鬆到底

因此，首先我給各位的建議是：「設法從一項行動獲得多項好處」的工作術。

一石二鳥？未免太浪費了吧？如果可以，我希望各位盡量以「一石六鳥」為目標。

比方我在前一章介紹過社群網站的運用法，也就是不只把臉書當作發佈消息的工具，也可拿它來檢驗個人行動、人脈和成長進度——這也是一石多鳥的例子。

此外，我想這種做法已有很多人執行，就是把貼在臉書上的文章，直接再搬到部落格上，也就是把內容拿來「一稿多用」。

一樣的道理，我很少在部落格寫文章，但部落格卻可以經常更新，維持正常運作。

還有，每次舉辦活動、講座，或成立新社群時，當然免不了要和工作人員開會討論。這時我會把開會內容錄下來，把音檔上傳到各個平台當廣告。這也是我實際會用的妙招。這樣的音檔，等於就是在告訴大家「我們會辦這樣的活動」，是最有說服力的宣傳。

## 投注完整的時間來製作「原液」

這種「一稿多用」的手法，目前在社會上很常見。

例如在商管書籍的領域裡，如果出現了一本暢銷書，下次就會推出它的「漫畫版」、「雜誌書版」（mook）或「圖解版」。

市場上充斥著許多「卡通人物造型商品」和「周邊商品」等，說穿了也都是內容的重複使用、一稿多用。

而各位想傳播的資訊，也不必只用一種方法傳播。

社群媒體、講座、PDF資料、錄音檔、影片、電子書，還有出書的企畫案……這些只不過是其中一部分，但都是我曾實際「一稿多用」的例子。

在第二章當中，我曾談過「受眾優先」的概念，也就是要先培養出一群潛在顧客。而在這些顧客當中，有人「想讀文字稿」，有人「喜歡看影片」，甚至還有人「想在車上用聽的」。

既然有這麼多平台，顧客的需求當然就會五花八門。

所以，我們的「一稿多用」，其實也是「為顧客著想」。

概念上就像是製造出「原液」，之後再做各種不同的運用。

因此，我們要傾注全力來「釀造原液」。

「要寫文章」、「要拍影片」、「還要整理資料」……懶鬼可做不了這麼多事。
所以要時時謹記「一石六鳥」。
各位不妨也把自己的內容運用在各種不同場合吧！

**要訣 29**

**讓「玻璃心」的人多工作業非常危險，盡可能只先聚焦在「一號瓶[4]」就好。**

4 引用日本人力資源公司Goodwill創辦人折口雅博提出的「一號瓶理論」。他認為在保齡球當中，只要能擊中一號瓶，就很有機會打出全倒，藉此將一號瓶比喻為影響力最大的事物，而在工作上，必須優先處理堪稱「一號瓶」的事項或人物。

# 30 懶人要以落實「自動化」為目標

不擅長、不喜歡的事，最好全都交給別人處理

## 建構「不必自己動手做」的機制

除了「一石六鳥」之外，盡可能讓各項業務「自動化」，也同樣是我時時放在心上的目標。

這裡所謂的自動化，並不只限於導入方便的機器、應用程式或軟體。

如果要解釋的話，我所謂的自動化，應該是：

**「能花錢處理的事，花錢處理就好。」**

**「能交給別人的事，沒必要自己動手。」**

這就是懶人做法。

而多出來的時間，最好拿去做一些新嘗試。

例如我在前面談過「內容的一稿多用」，當然也是透過機制的建立，讓它得以自動化進行。

通常會由小編負責把我在推特或臉書寫的字句剪貼下來，稍微編輯之後再上傳到其他媒體平台。至於編輯的部分，也都已經明確地把規則「說出口」告訴小編，所以一點都不難。

我只要單純地扮演好「素材」的角色，接著其他人就會自動幫我加工、發佈。

而講座或活動的付款，也是把連結寄給每位參加學員，讓收款流程自動化。

以前這些收款應對，全都是我一個人負責，業務可說是相當龐雜。（況且像我這麼玻璃心的人，要是在過程中發生客訴，那可就不得了了。）

## 把時間花在不擅長的事情上，未免太可惜

坦白說，我不太喜歡細膩的計算等行政作業，做起來也不太拿手。不對，我應該可以很斬釘截鐵地說，是既討厭又做不來！

所以，要我自己處理這些工作，會佔去非常多時間。

我想我已於本書中再三強調，「時間」這項資產非常重要。

為了騰出時間，我認為可以做一定程度的投資，甚至也應該多多借重他人的協助。

我們固然不能因為滿腦子都只想著自動化、騰出空檔，而把獲利都燒光，但如果只是獲利減半，我應該還是會選擇優先確保有充裕的時間。

至於騰出來的這些時間，我可以用來挑戰新的工作，會比耗在不擅長的事情上更有意義。

## 業務自動化之後，就能挑戰「新事物」

如果問我做什麼事最開心，或想把時間花在什麼地方，我會說是「為發展新事物做準備」。我也不怕各位誤會，對我來說，賺錢倒是其次，反倒是因為想發展新事業才努力賺錢。

所以，這樣說或許有點殘忍，但從我發展新事業開始，一直到確定它有可重複性之後，當下我就會立刻覺得無趣。只要我覺得「反正不是我來做也無妨嘛」，熱情就會瞬間冷卻。

專案成功之際，我當然會喜不自勝。能和志同道合的夥伴分享喜悅，歡欣的心情簡直是無與倫比。

然而，這並不是結束，因為我還想再往「下一個目標」前進。我想和夥伴們一起滿懷期待、一起膽戰心驚，也想再為成功而感到滿足，高呼「總算證明我們的努力可以看到成果！」

正因為我讓工作自動化，所以能挑戰其他事物，也才能逐步擴張事業版圖。
就算暫時調降獲利，人生也不會就此完蛋。
因為我還想持續思考「下一步」。

## 要訣 30

為確保「時間」這項寶貴的資源，要讓業務盡量自動化。

# 31 因為不喜歡讓人失望，所以不會辜負別人的期待

有意識地控制「期待值」

## 不會引發「期待落差」

前面談到「可重複性」時，我用了「不承諾做不到的事」這個句子。在「A」這個階段，讓我們更具體地來談談這個原則。

我們要關注的，是對方的「期待值」。

這裡所說的期待值，有時是顧客，也有可能是我的員工。

因為我「不想辜負對方的期待」，所以我非常小心地注意自己和別人之間的「期待落差」。

「期待落差」一如字面所示，是指我們所提供的商品或服務不符合對方的期待。

舉例來說，想必各位一定也有過「期待落差」的經驗。

例如特意去看了一部號稱「全美票房冠軍，感動席捲而來」的電影，結果一點也不好看……。

又或者是滿心期盼地住進了「附豪華美饌的溫泉旅館」，結果送上桌的，都是平凡無奇的菜色……。

這種時候，恐怕任誰都會想說「退錢！」吧。

我萬萬不想被人說出「退錢！」——因為我的玻璃心，實在承受不了接二連三的客訴。

所以我很小心地調整期待值。

## 控制「期待值」的方法

我這個人凡事「步步為營」，擬計畫時總會提醒自己別把事情搞砸。可是坦白說，過往我經營的線上收費社團，還是曾有兩次失敗收攤的記錄。

原因都是出在「期待落差」。

當時我提供的資訊，無法達到會員的期待，導致會員和我都信心全失。

其實我收掉社團的原因，具體來說就是我覺得「要發佈一些值得向會員收費的內容，壓力實在太大了」。我對別人的期待值，就是這麼在意。

也曾有人對我這樣說：

「你這麼玻璃心，怎麼還敢找會員來開線上收費社團啊！」

說的也是。所以我現在做的是「免費」推廣。

這就是我所謂的調整「期待落差」。

付費會員既然願意花錢取得資訊，表示他們對資訊有相當程度的期待。當他們覺得自己的期待落空，也就是拿到的資訊不值那個價錢時，就會發生客訴。

那麼現在既然免費，讀者就不會懷抱那麼高的期待。即使有抱怨，也不是出於「我可是付了錢了欸！」的前提，我就會覺得比較輕鬆。

接著，我再為這些願意追蹤的顧客，細心設計一些真正能夠回應顧客期待的內容，並以收費的形式提供。

## 不勉強拉抬「期待值」

髮廊的經營也是一樣。我們不會強迫推銷，硬是要向顧客收費。

換言之，我們就是只靠那些願意再預約來店的顧客，來維持我們的營運。

我也會開誠佈公地對髮廊員工說「一年後的薪資大概是這樣，不會更多。你可以接受再過來」、「在我們店裡學不到獨立開店的know-how」等等。

經營社群、或事業版圖很廣的人，不見得個個都藝高人膽大。「玻璃心」的人在發展事業之際，也隨時都在顧慮著別人的「期待值」。

要訣 31

控制期待值，是長保心態健康和信譽的秘訣。

## 32 認清「一號瓶」

有助於大幅提升「改善」效果的關鍵要點

### 偏離這個目標，就會徒增無謂的努力

「我左思右想之後才行動，結果做什麼都沒成績。」

「該怎麼做才會順利？」

「做什麼才能讓我一帆風順？」

……社群裡的夥伴曾找我商量這些煩惱。

這些夥伴多數是沒有找到讓自己事業順利發展的「一號瓶」。

在保齡球當中，「一號瓶」是「只要鎖定擊倒它，其他球瓶也會跟著倒下」的球瓶。換句話說，就是「影響成績的關鍵」、「該瞄準的一點」。

以我所在的美髮業界為例，常見的問題是「髮廊營收不見成長，顧客不上門」。如果我們採取的因應作為，是「加強剪髮的練習量，以精進技術」，那它就是一個「搞錯一號瓶」的舉動。

能讓顧客上門、營收成長的「一號瓶」，並不是「剪髮的技術」。

在這種情況下，「一號瓶」應該是「員工訓練」才對。如果髮廊在官方網站上，打出「我們的美髮知識無人能及，給您最細膩的服務」作為賣點，實際上卻是「蠻會剪的，但對客人的態度很差」，兩者一旦出現「落差」，顧客當然就不會上門了。

還有，以往我為了招攬學員來參加講座，在推特、臉書等社群網站上都很努力發文，但招生狀況就是一直沒有起色……。

誠如我在第二章談「受眾優先」的部分提過，我們要先培養一群學員，也就是

「建立社群」——這才是「一號瓶」。簡而言之，問題在於我們要辦的是公開講座，還是找一些已有群體意識的人來參加？

誤判「一號瓶」，就會拚命去做無謂的、搞錯方向的改善，例如「應該是廣告詞不好，來改吧！」或「在不同媒體平台上宣傳吧」等等。

## 最快找出一號瓶的方法

一號瓶會隨著事業、行業、業態不同，甚至是時代不同而變動。

有時可能是訂價，也可能是「宣傳手法」，又或者是「服務內容」。世上應該沒有任何一個「一號瓶」能套用在所有商業活動上，讓大家「只要聚焦在這一點，就能一帆風順」。

不過可以確定的是：「顧客想從我身上（或我的公司）得到什麼？」這個問題的

答案，就是「一號瓶」。它的概念或許可說是與「賣點」、「獨特銷售主張」（Unique Selling Proposition，簡稱 USP）相近，但我個人還是覺得「一號瓶」的解釋最得我心。

所謂的「賣點」或「獨特銷售主張」，如果是由賣方決定，就表示可能出現誤會。

那麼，究竟該怎麼找出「一號瓶」呢？這樣或許有點太坦白，但最好的方法，莫過於累積「經驗」。

**最好能從許多經驗中累積成功與失敗，找出顧客反應最好的「最大公約數」**。

例如從一千篇部落格貼文當中，挑出反應最熱烈的作品，看清它們共通的優點，是標題下得好？還是主題吸引人？抑或是字數適中？而這時的樣本數，當然是多多益善。

各位的事業當中，必定也有值得各位聚焦的「一號瓶」。

左思右想，還是不知道該怎麼做才能讓事業一帆風順？既然如此，不妨就先動起來，找出最大公約數吧！

## 要訣 32

# 就像下黑白棋要搶佔角落位置一樣，要盡量找出「高效益的決勝點」。

# 33 失敗會令人沮喪，所以要事先訂定「撤退線」

預擬退場標準，以便隨時出逃開溜

## 慣性讓人不行動

「累積經驗，找出最大公約數，進而認清一號瓶在哪裡。」

……可是，到底要累積多少經驗才夠？

例如有人在部落格上寫了一千篇貼文，但還是看不出最大公約數是什麼。就直覺上來說，這種人即使再寫一千篇，也還是一樣。

說得狠一點，其實就是「沒才華」、「不適合（在事業上）用部落格」。

其實我也曾碰過「網站連續三年都一直在更新，可是在事業上卻遲遲不見成果」的諮詢個案，還問我「那我該什麼時候退場啊？」

答案是「什麼時候退場？就是現在啊！」

**如果投入了三年的心力，都還不知道事業發展不順的原因為何，那最好趕快認賠殺出、轉換方向，或找其他擅長的人幫忙。**

有些人搞錯了目的和方法，還因為慣性而一直做下去。

懶人明明應該要在投入每件事之後速速看到成果，竟有人覺得持之以恆、不放棄就有意義。

不論行動或發展事業，都需要懷抱「做了不行就放棄」＝退場的準備——畢竟一個人的時間是有限的。

## 撤退線要這樣訂

那麼撤退線要向什麼地方看齊？

答案是「盡力的時候」。

一年、三年、一千次……先設定「一定要盡力完成」的目標，如果達到這個目標還是一無所獲，就該考慮其他做法。

## 起步別拖延

所謂的退場，不單只是「放棄」，也代表「從現狀退場，再奮力一搏」的意涵。

在髮型設計師的世界裡，很多人都懷有「自己開店」的目標。可是，當中卻也有人遲遲跨不出自立門戶的那一步。

日復一日地練習剪髮，卻讓自己邁向下一個目標的「起步」時間不斷往後延……於是所謂的「奮力一搏」，就像是不站上打擊區，只在場邊不斷地做揮棒練習。

如果這樣的「揮棒練習」讓各位覺得幸福，那麼它或許也是一個不錯的選擇。

倘若持續寫好幾年的部落格，就是各位生活的意義，那就這麼寫下去也無妨。

然而，如果各位懷抱明確的目標，且有心想達成，那就該決定什麼時候要奮力一搏——也就是決定何時從現況退場。

## 頂尖人士很懂得認清撤退線

我認識的頂尖企業家，個個都很懂得掌握「退場時機」。

就像開車時除了要適時加速，也要適度地踩剎車一樣。甚至還要在適當的時機判斷「這輛車不能再開了」，而選擇認賠殺出。

笨拙的企業家只會一直踩油門。這就像是在說「我要踩油門了，你要跟上」，接著就準備加速。如果有人反問「那什麼時候要停下來？」他們就會回答「出了車禍就會停下來了」。

適度踩剎車，適時「汰舊換新」——撤退線是商務上相當重要的一個元素。

要訣 33

為避免浪費時間，甚至蒙受致命重傷，務必嚴格遵守撤退線！

# 34 為避免灰心喪志，請從那些「出類拔萃」的人身上分一杯羹

補充正能量的方法

## 別靠近充滿負能量的人

前面談了很多種不同的方法，但我其實是一個動不動就會陷入負面情緒的人（這點想必各位應該都很清楚了）。

所以我盡量避免接近那些想法負面、消極的人。

只要跟他說話，整個人就會越來越負面，活力都被吸走——各位身旁有沒有這樣的人呢？

如果我們懷抱著堅定的積極信念，就能抵擋對方散發的負能量；若非如此，就只能吸納那些負面影響。

我個人有一項守則，是「週五晚上不去居酒屋」，尤其是那些公司行號林立的商業區、鬧區裡的居酒屋，更是充斥著對工作、公司的牢騷不滿等負面言論。踏進這樣的地方，我一定會受不了……。

## 這樣做，就能補充「正能量」

那麼，我們又該怎麼補充正能量呢？

我和一些「出類拔萃」的人見面。

所謂「出類拔萃」的人，其實就是擁有正能量的人。他們可能是行動量特別多，經驗值特別豐厚，業績特別優秀，或知識特別淵博等等。

**聽這些「出類拔萃」的人分享，和他們談談，或與他們合夥共事，就能從他們身上得到能量。**

接著我們就會發現「自己的道行還差得遠」。這時，我們會覺得自己又獲得了一些勇氣，而不是失去自信。

為什麼我會這樣說呢？因為這些「出類拔萃」的人，都不是從一開始就如此優秀。例如行動量特別多的人，也是從零開始累積。所以和這些人在一起，我們就會發現自己還可以繼續成長、變得更好。

## 懶人也能極速成長的方法

這些出類拔萃的異類，我們或許很難模仿他們的成績，但可以效法他們的行動。在效法的過程中，我們也能找到「自己該怎麼做」，或「怎麼樣才能成為一個出類拔萃的異類」。

還記得第一個讓我覺得「真了不起！」的人，是一位部落客，他不論是績效表現，或部落格的發文數量，都是扎扎實實的出類拔萃。我第一次看到這樣的異類。

我當時最感興趣的，不是他眼前的績效和作為，而是他當初第一篇部落格文章寫了什麼？當初的讀者反應如何？從這裡開始回溯他的崛起歷程，並參考了他的發文頻率、主題和反應熱度。

我們可以像這樣效法出類拔萃者的「過去」，也能模仿他們的「判斷標準」。

很多勵志書籍都會教人「先從模仿強者開始做起」。不過，我認為效法成功人士的「過去」，會比模仿他們的「現在」更有益。

況且這可是連懶人都能做得到的事。

## 「異類交流會」比「異業交流會」更好

我想有很多人都會為了拓展人脈而參加異業交流活動。然而，我常在社群裡這樣告訴夥伴：**「別參加異業交流會，多辦異類交流會吧！」**

多認識一些拚命努力的人，從他們身上獲得一些正能量，多聽一些能打破自己行為準則的故事。

如此一來，或許就能想到新的計畫……接著我們就能展開新的行動，啟動下一波PDCA循環。

**要訣 34**

人是很容易受環境影響的生物。所以要多和自己欣賞的、樂觀積極的人為伍！

# 第六章

# PDCA能改變工作、人際關係與人生

# 35 用懶人PDCA盡情享受當下

無與倫比，威力強大的技能

## 遇到撞牆期時，希望各位問問自己這個「終極問題」

讀到這裡，我想各位應該都能切身感受到：這本書和市面上那些「PDCA」書很不一樣。

各位開始覺得「我想試試這種PDCA法」了嗎？

如果各位已試著把書中介紹的方法運用在工作上，卻不經意地懷疑「這樣做真的對嗎？」時，請這樣問問自己：

「現在做得開心嗎？」

我在第一章也曾談過，我把經商和執行懶人PDCA，都當作是一種「創作」。我很享受作品從無到有、逐漸成形的過程。

那種感覺就像是組裝模型。各位會覺得以組裝出完美的傑作為目標，一步步組裝出模型比較愉快，還是懂得欣賞模型成品的價值，進而蒐集、擺飾比較有趣？就我個人而言，我完全屬於前者。

那乾脆別追求最快完成，悠哉地享受組裝過程，豈不是更好？

不不不，因為我會滿腦子想著「好想趕快組裝下一個模型」。

當創作朝完成的方向順利推進時，我們的心情會很愉悅。所以只要現在做得開心，那就是正確答案。

在我的客戶和我經營的社群當中，有些人動不動就會跑來找我確認：「我這樣做究竟對不對？還是做錯了？」他們往往會說：「我不知道這是不是正確答案，所以很猶豫。」

這時我就會問他們「現在做得開不開心」。

目前究竟是痛苦，還是開心？會不會覺得很幸福？

「覺得很累啊！」

「我也有過『要是能這樣就太幸福了』之類的念頭……。」

如果答案是這樣，就表示這個人現在做的事「不是正確答案」。

## 和一年前的自己相比，是否有成長？

世上有很多卓越的商務技能、商業模式，更有很多傑出的商務人士。

可是，如果這些事做起來讓自己覺得苦不堪言，或無法讓顧客感到滿意，那麼就算再怎麼落實執行卓越的商務技能，都不會是正確答案，最好趕快另尋其他出路。

這是我的看法。

各位覺得要活出什麼樣貌，才會讓自己感到幸福呢？

有些人可能沒有明確的答案。

也可能有些人其實想「追求更多成長」，卻不知道現在的自己，和過去相比是否有所成長；或因為感受不到自己的成長，所以過得不開心……。

有這些念頭的朋友，不妨回頭看看自己一年前、半年前的臉書。

那時的自己有何感受？想追求什麼？

而現在的自己是否已較當時有所成長？是否過得更幸福？

眼前做的這些事究竟是不是正確答案，留給我們自己評斷就好，不必讓別人論斷。

如果不開心、不幸福，那就換個方法，重擬計畫，再執行一次就好。
畢竟凡事都不會只有一個答案。

要訣 35

正確答案別問他人，要由自己決定。
這時，「懶人PDCA」就能派上用場。

# 36 像我這樣不擅讀書的魯蛇，也能脫胎換骨

起薪八萬日圓，還當過繭居族，可是現在的我擁有很多工作和夥伴

## 成績不好、內向怕生、灰暗陰沉……這些通通都無妨

現在我常和社群裡的夥伴、諮詢服務的客戶談成功、論成長，也開講座、辦演講，甚至透過部落格和YouTube，還像這樣寫書分享。但以前的我，其實只是個不折不扣的魯蛇。

小學時，我因為父母工作的關係而經常搬家，所以在學校總是被當成「外來者」。又因為我覺得自己為了配合父母而被害慘，所以成了一個經常臭臉的孩子，在

班上通常也是游離份子。

習慣獨來獨往之後，我覺得自己一個人過得很自在。後來從國中起，我就沉迷於「在家打遊戲」，無法自拔。

起初我迷上的是超級任天堂的瑪利歐賽車。那時還真的是名符其實的從早打到晚，很少出門，還邊打邊吃零食……這樣當然會發胖。

上了高中以後，我又改迷線上遊戲。

太空戰士六、天堂、夢幻之星網路版、最後一戰、鐵騎大戰……我沉迷於這些線上遊戲的世界，網路社群就是我棲身的歸屬。

學校成績當然是墊底——因為我覺得要是有時間讀書，還不如拿去打遊戲。

我會選擇走上美髮師這條路，其實也是電玩遊戲牽的線。

當年我有打工，但都是為了買遊戲。我覺得剪髮實在很浪費錢，便靈機一動，心想：「要是我自己剪頭髮的話，省下來的錢就能拿去買新遊戲……。」於是我找出小時候爸媽幫我剪髮用的剪刀，開始幫自己剪頭髮。

但高中畢業後要做什麼呢……？

我的成績根本上不了大學，但要我找份工作，每天老實上班，我又覺得麻煩。

「既然我會剪頭髮，那就再認真學一下美髮吧！」我抱著這樣的想法，選擇進入美髮專門學校就讀。

說起來實在是很慚愧，但這就是我的原點。

## 不改懶人個性，照樣達成目標

不過，我在進入專門學校之後，心中隱約訂下「全勤上學」的目標，後來順利達成了。

接著，我進入職場，又訂下了「無論如何要在最短時間內當上髮型設計師」的目標，也成功達陣（嚴格說來，其實另有一位和我一起拚命練習的前輩，比我更早升職）。

就這樣，我開始嘗到達成目標的樂趣，一路走到今天。這一切對我而言，仍像是遊戲——在最短時間內過關，再投入下一場遊戲……這和我現在做的事根本沒什麼兩樣。而在這一連串的活動當中，「懶人PDCA」也在無意識之中發酵。

我在本書中一再強調，人的個性或心理層面的狀態，其實沒那麼容易改變。

就算各位覺得現在的自己真是狼狽至極，也不必忙著煩惱該怎麼扭轉自己的個性。

**個性懶散就懶散，玻璃心就玻璃心，還是可以達成自己的目標。**

要先了解自己的弱點，再落實「懶人PDCA」，就能讓自己的工作和夥伴越來越多，不受個性擺佈。

要訣
36

要改變個性和心態並不容易，
但要達成目標，可以透過各項機制來克服問題。

# 37 落實PDCA，持續追求成長

「規劃＝機制」是救世主

## 建構軟爛魯蛇也能持續成長的機制

請各位千萬不要誤會，「輕鬆賺錢」絕不是我的最終目的。偷工減料、盡可能不勞而獲……追求這些目標，未免也太無趣了吧？「循最短路徑達成目標」和「輕鬆賺錢」的不同，我想各位應該都已經了解了。

當我們考慮透過「懶人PDCA」來達成目標時，若需要地獄般的大量行動，我們就應該落實執行——如果我們對「達成目標」充滿期待，應該就能好好享受這些行動的過程。

況且如果各位是用懶人式的「D」來敦促自己的行動，那麼「大量行動」這件事，說穿了其實人人都做得到。即使我們處於沒技能、沒錢、沒人脈……的條件之下，還是可以採取行動——如果「行動」就是達成目標的必經之路，我們哪裡有不做的道理呢？

不過，我並不是說只要行動就有意義。這一點我也希望請各位不要誤會。重點在於**行動的機制（規劃），因為機制才是真正的救世主。**

美髮師時期的我，有幸在一位很值得尊敬的總經理手下工作。

雖然現在一無所有，但有心透過行動量來爭取機會的人，這位總經理很願意給予肯定。當時我能堅守工作崗位的主要原因，其實是因為他的魅力，而不是美髮的工作有多麼吸引人。

所以我當年的目標，可以說是「想把這個人（總經理）推上業界的巔峰」。為了這個目標，我當店長時，不僅對門市經營投注很多心力，還擬訂了很多行銷策略，並付諸執行，也帶來了一些成果。

不過，後來我碰到了一個轉機。

當時我任職的髮廊爆發離職潮，既往的低效率、低單價成了一大問題。我向總經理提報了一些改善方案——那是一份要掃除無謂的努力，務求在最短時間內提高營收的計畫，連相關的標準作業手冊都已著手編擬。

然而，我卻與總經理發生了一些磨擦。總經理對我說：「這份計畫恐怕很難做到吧。」

這句話對我來說，是一記相當大的打擊。現在回想起來，我能明白總經理有他的考量，才會以經營管理者的身分做出那樣的決策，但當時的我就是百思不解。

迄今我仍非常敬重那位總經理，也對他滿懷感謝。可是當時我覺得自己「失去目標」，便做出了離職的決定。

## 軟爛的人，要用機制讓自己動起來

後來，我因為失落感太重，窩在家裡過了一段懶散的日子。

每天高興幾點睡就幾點睡，想幾點起就幾點起，與他人的互動更是驟減。有空不是打遊戲就是看漫畫，軟爛到無可救藥的地步。

我這才發現，原來有些人適合自由，有些人並不適合。在不受約束的情況下仍能確實自制自律、自我管理的人，固然適合自由，但自律不嚴、懶散苟且的人，就必須仰賴一些機制，逼自己動起來。

所以後來我決定「要經營屬於自己的美髮沙龍」，就某些層面而言，也是因為想讓顧客和員工成為驅策我的一股原動力。

不過，如果只是單純經營美髮沙龍，那就和既往的人生沒什麼兩樣，未免太乏味了一點。

於是我才訂出了「進軍全國」這個目標。

後來又用「懶人PDCA法」，打造出了不受意志、心態左右，不讓自己隨意停下步伐的機制（規劃）。

不論是要停下腳步，或是要跨出嶄新的一步，都需要建立在機制（規劃）完善的前提之下。

軟爛魯蛇也能追求成長。

軟爛魯蛇也能拿出績效。

而箇中訣竅，我想應已在本書中略作了簡要的介紹。

請各位務必從今天起就開始試試看。

要訣 37

機制（規劃）決定了所有行動的成敗。
要用心研擬，讓軟爛魯蛇也能從中追求成長。

結語

# 用對PDCA循環，讓自己的人生也開始風生水起

感謝各位願意閱讀到最後。

「懶人ＰＤＣＡ」這個概念，是因為這次要將我過去的活動內容撰寫成書，在與專案團隊多次討論的過程中，才誕生的辭彙。

「我想從我的觀念、想法當中，找出對讀者最有益的、最能打動讀者的內容，出版成書。請教教我該怎麼做。」

我想寫的是顧客（以書而言是讀者）想知道的內容，去回應顧客的需求，而不是只寫自己想說的、想寫的事——這樣的想法，其實就是考慮到本書中介紹過的「有勝算的事」。

比我傑出的企業家所在多有，這或許已可說是個毋庸置疑的事實。

可是，我應該也有一些「只有我能教」、「只有我會做」的事才對。

「那就要談談軟爛魯蛇也能擁抱成功、追求成長的事啊！我們希望北原先生告訴讀者這方面的資訊，把您的做法傳授給讀者。」

於是我們催生出了這本書。

回首過去，我才發現以往我挑戰難題、創造績效的方法，都是建立在本書所談的「懶人PDCA」之上。

期盼本書能獻給那些和我一樣，既懶散又玻璃心，不但怕麻煩，還總是三分鐘熱度的軟爛魯蛇。若能對各位有些許助益，那將是我無上的榮幸。

這是我第一次出書。

請容我在此向協助催生本書的各界人士致謝。

我要感謝長倉顯太先生、中西謠先生，還有日文版出版社（すばる舍）的上江洲安成先生。因為有這三位的協助，才能讓我的首本書籍作品成形問世。謝謝各位。

還有平常在髮廊事業上，全方位協助各項活動運作的淺井慎一郎先生、豬熊政人先生。

以及幫我打點各項消息發佈的古瀨華小姐、井藤宏香小姐。

另外是營運團隊的山本智大先生、關直也先生，以及高山辰也先生。

由衷感謝各位一路以來的協助。

承蒙這麼多夥伴的相挺，既懶散又玻璃心的我，才能放心地全力投入各項活動。

希望各位今後也不吝繼續支持。

還有，我也想對一直相信我有潛力的家父、家母，致上由衷的謝意。很感謝你們一路以來的肯定，也請你們繼續支持我。

最後當然還要向翻閱本書到最後的每一位讀者，表達我誠摯的感謝之意。非常謝謝各位。

現在，我覺得最幸福的一件事，就是身邊有很多「人」都需要我。
我有很多好夥伴，願意陪我一起擬訂計畫、落實執行、檢核審視，再尋求改善。
有人因為我的知識或經驗而獲益。
有人願意帶給我卓越的智慧與能量。
有人願意告訴我什麼事能對社會有益。
有人願意聚在我身邊。
甚至還有人願意翻閱這本書……。

世上沒有什麼事能比這些更令人開心了。

就算我再怎麼懶散、再怎麼玻璃心……。
也一定有能為他人貢獻之處。

各位也是一樣。

在各位找尋自己有何能為他人貢獻之處時，歡迎多加運用本書所介紹的「懶人PDCA」。

起初做起來或許有些麻煩，也可能令人覺得有些恐懼。

可是，各位可以不必要求自己去做多麼驚天動地的大事。

即使滿懷恐懼也好，覺得「真討厭……」也罷，請各位一點一滴，一小步一小步地往前走，打造出本書所介紹的機制，讓各位跨出的那一小步，帶來豐碩的成果。

過程中難免會灰心喪志。

這時請各位在推特、臉書或IG等社群網站上，用「#懶人PDCA」這個主題標籤來提醒我。要回覆每一則有標籤的貼文的確比較困難，但我一定會盡可能拜讀各位的貼文。

就讓我們彼此勉勵，一起加油！

期盼他日能與各位相會。

北原孝彥

高寶書版集團
gobooks.com.tw

**RI 346**

**零意志力也 OK！懶人 PDCA 工作術：擺脫瞎忙、無紀律、沒毅力，軟爛魯蛇也能精準實踐的行動心法**

弱くても最速で成長できる ズボラ PDCA

作　　者　北原孝彥
譯　　者　張嘉芬
主　　編　吳珮旻
校　　對　賴芯葳
編　　輯　鄭淇丰
封面設計　林政嘉
內頁排版　賴姵均
企　　劃　何嘉雯

發 行 人　朱凱蕾
出　　版　英屬維京群島商高寶國際有限公司台灣分公司
　　　　　Global Group Holdings, Ltd.
地　　址　台北市內湖區洲子街 88 號 3 樓
網　　址　gobooks.com.tw
電　　話　（02）27992788
電　　郵　readers@gobooks.com.tw（讀者服務部）
　　　　　pr@gobooks.com.tw（公關諮詢部）
傳　　真　出版部（02）27990909　行銷部（02）27993088
郵政劃撥　19394552
戶　　名　英屬維京群島商高寶國際有限公司台灣分公司
發　　行　英屬維京群島商高寶國際有限公司台灣分公司
初版日期　2021 年 4 月



國家圖書館出版品預行編目（CIP）資料

意志力也OK！懶人PDCA工作術：擺脫瞎忙、無紀律、沒毅力，軟爛魯蛇也能精準實踐的行動心法 / 北原孝彥著；張嘉芬譯．-- 初版．-- 臺北市：英屬維京群島商高寶國際有限公司臺灣分公司，2021.04
　面；　公分．--（致富館；RI 346）

譯自：弱くても最速で成長できる ズボラ PDCA

ISBN 978-986-506-089-3（平裝）

1. 企業管理　2. 職場成功法

494　　110004148